**Ольга Шевякова**

# Краевые задачи для нелокальных дифференциальных уравнений

AF138574

Ольга Шевякова

# Краевые задачи для нелокальных дифференциальных уравнений

## с частными производными дробного порядка

LAP LAMBERT Academic Publishing

## Impressum / **Выходные данные**

Bibliografische Information der Deutschen Nationalbibliothek: Die Deutsche Nationalbibliothek verzeichnet diese Publikation in der Deutschen Nationalbibliografie; detaillierte bibliografische Daten sind im Internet über http://dnb.d-nb.de abrufbar.

Alle in diesem Buch genannten Marken und Produktnamen unterliegen warenzeichen-, marken- oder patentrechtlichem Schutz bzw. sind Warenzeichen oder eingetragene Warenzeichen der jeweiligen Inhaber. Die Wiedergabe von Marken, Produktnamen, Gebrauchsnamen, Handelsnamen, Warenbezeichnungen u.s.w. in diesem Werk berechtigt auch ohne besondere Kennzeichnung nicht zu der Annahme, dass solche Namen im Sinne der Warenzeichen- und Markenschutzgesetzgebung als frei zu betrachten wären und daher von jedermann benutzt werden dürften.

Библиографическая информация, изданная Немецкой Национальной Библиотекой. Немецкая Национальная Библиотека включает данную публикацию в Немецкий Книжный Каталог; с подробными библиографическими данными можно ознакомиться в Интернете по адресу http://dnb.d-nb.de.

Любые названия марок и брендов, упомянутые в этой книге, принадлежат торговой марке, бренду или запатентованы и являются брендами соответствующих правообладателей. Использование названий брендов, названий товаров, торговых марок, описаний товаров, общих имён, и т.д. даже без точного упоминания в этой работе не является основанием того, что данные названия можно считать незарегистрированными под каким-либо брендом и не защищены законом о брендах и их можно использовать всем без ограничений.

Coverbild / Изображение на обложке предоставлено: www.ingimage.com

Verlag / Издатель:
LAP LAMBERT Academic Publishing
ist ein Imprint der / является торговой маркой
AV Akademikerverlag GmbH & Co. KG
Heinrich-Böcking-Str. 6-8, 66121 Saarbrücken, Deutschland / Германия
Email / электронная почта: info@lap-publishing.com

Herstellung: siehe letzte Seite /
Напечатано: см. последнюю страницу
**ISBN: 978-3-659-40301-9**

Zugl. / Утверд.: Белгород, Белгородский Государственный Университет, диссертация, 2006

Copyright / АВТОРСКОЕ ПРАВО © 2013 AV Akademikerverlag GmbH & Co. KG
Alle Rechte vorbehalten. / Все права защищены. Saarbrücken 2013

# Содержание

# Введение

Дифференциальные уравнения с частными производными дробного порядка, являясь обобщением уравнений с частными производными целочисленного порядка, кроме огромного теоретического интереса, имеют большое практическое значение.

Физики достаточно давно и плодотворно используют идеи дробного исчисления преимущественно во фрактальных средах [5], [6], [38]–[40], [43], [44]. Дифференциальные уравнения дробного порядка встречаются при описании медленных и быстрых стохастических процессов, диффузии в средах с фрактальной геометрией, при изучении деформационно-прочностных свойств полимерных материалов [79], [92]. Полученные при этом результаты говорят о существовании мощного метода, каким является дробное исчисление при построении математических моделей в тех средах, где классическое дифференциальное исчисление не работает. Особый интерес к дробным производным проявляют гидрогеологи в связи с вопросами безопасности хранения высокоактивных долгоживущих радиоизотопов в геологических фармациях [20]–[23].

Основой большинства моделей, описывающих физические и химические процессы, протекающие во фрактальных средах, экономические и социально-биологические явления [56], [61], [64], [65], [78], являются дифференциальные уравнения дробного порядка, в том числе уравнения в частных производных. Поэтому развитие аналитического аппарата теории уравнений с частными производными дробного порядка является весьма актуальной и важной задачей.

Дифференциальные уравнения с частными производными дробного порядка исследовали в своих работах: А.Н. Кочубей, С.Д. Эйдельман

[43] – [46], А.М. Нахушев [52], [55], [56], [62], С.Х. Геккиева [11] – [14], О.А. Репин [37], [74] – [76], А.В. Псху [66] – [73], В.А. Нахушева [63] – [65], А.В. Глушак [17] – [19], А.Н. Зарубин, Е.А. Зарубин [32] – [36], М.О. Мамчуев [49] – [51], А.А. Ворошилов, А.А. Килбас [8] – [10], А.А. Андреев, А.С. Еремин [3], [4], [30], [31], Г.П. Лопушанская [48], Ph. Clement, G. Gripenberg, S.-O. London [90], W.R. Schneider, W. Wyss [97], [99], F. Wegner, S. Grossmann [98].

Теория дробного исчисления и ее приложения изучались в монографиях [29], [52], [56], [73], [77], [91], [93], [96].

Монография А.М. Нахушева [52] посвящена основополагающим элементам дробного исчисления, качественно новым свойствам операторов дробного интегрирования и дифференцирования и их применению к решению проблем математического моделирования различных процессов и явлений в живых и неживых системах с фрактальной структурой; к локальным и нелокальным обыкновенным и в частных производных дифференциальным уравнениям основных и смешанных типов. В монографии сформулирован целый ряд вопросов и задач, служащих источником новых направлений в изучении теории и приложений дробного исчисления.

В книге [77] рассмотрены вопросы обобщения операций дифференцирования и интегрирования функций одной и многих переменных с целых порядков на дробные, действительные и комплексные, а также приложения теории дробного интегрирования и дифференцирования к интегральным и дифференциальным уравнениям, теории функций.

В монографии А.В. Псху [73] исследованы основные краевые задачи для класса уравнений дробного и континуального порядка. Рассмотрены уравнения порядка меньше либо равного единице, диффузионно-волновые уравнения, эволюционные уравнения.

В работе А.М. Нахушева [57] решена видоизмененная задача Коши для оператора дробного дифференцирования с фиксированными началом и концом.

Среди работ, посвященных нагруженным дифференциальным уравнениям, отметим работы А.М. Нахушева [58]–[60], М.Т. Дженалиева [24]–[28], А.И. Кожанова [41].

Граничные задачи для нагруженных дифференциальных уравнений с усреднением исследованы А.М. Нахушевым [54], М.М. Амангалиевой, М.Т. Дженалиевым, М.И. Рамазановым [1], [2], I. Ozturk [94], [95], С.Х. Геккиевой [15], [16].

# Вводные сведения

Здесь приведены элементарные сведения из теории дробного интегро-дифференцирования, необходимые для дальнейшего изложения.

### 1. Специальные функции

*Гамма-функция Эйлера* определяется с помощью интеграла [7]

$$\Gamma(z) = \int\limits_0^\infty e^{-t} t^{z-1} dt, \ \mathrm{Re}\, z > 0.$$

Справедливы соотношения

$$\Gamma(z+1) = z\Gamma(z), \tag{i.1}$$

$$\Gamma(z)\Gamma(1-z) = \frac{\pi}{\sin \pi z}. \tag{i.2}$$

*Бета-функция* определяется с помощью интеграла [7, с. 23]

$$\mathrm{B}(a,b) = \int\limits_0^1 t^{a-1}(1-t)^{b-1} dt \ , \ a > 0 \ , \ b > 0 \ , \tag{i.3}$$

и связана с гамма-функцией соотношением

$$\mathrm{B}(a,b) = \frac{\Gamma(a)\Gamma(b)}{\Gamma(a+b)}. \tag{i.4}$$

*Функция типа Миттаг-Леффлера* имеет вид [29, с.117]

$$E_{1/\rho}(z;\mu) = \sum_{k=0}^\infty \frac{z^k}{\Gamma(\rho k + \mu)}.$$

*Гипергеометрическая функция Гаусса* определяется с помощью ряда

$$F(a, b, c; z) = \sum_{k=0}^{\infty} \frac{(a)_k (b)_k}{(c)_k k!} z^k, \ |z| < 1, \ c \neq 0, -1, \ldots, \qquad (i.5)$$

где *символ Похгаммера*

$$(a)_n = \Gamma(a + n)\Gamma(a). \qquad (i.6)$$

Имеют место соотношения [7]

$$F(a, b, c; z) = \frac{\Gamma(c)}{\Gamma(b)\Gamma(c-b)} \int_0^1 \rho^{b-1} (1-\rho)^{c-b-1} (1-z\rho)^{-a} d\rho, \qquad (i.7)$$

при $c > b > 0, |z| < 1$,

$$\int_0^1 t^{s-1} (1-t)^{c-s-1} F(a, b, s; zt) dt = \frac{\Gamma(s)\Gamma(c-s)}{\Gamma(c)} F(a, b, c; z), \qquad (i.8)$$

при $c > s > 0, \ z \neq 0, \ \arg(1-z) < \pi$,

$$F(a, b, b; z) = (1-z)^{-a}, \qquad (i.9)$$

$$F(a, b, a; z) = (1-z)^{-b}, \qquad (i.10)$$

$$\frac{d}{dz} \left[ z^a F(a, b, c; z) \right] = a z^{a-1} F(a+1, b, c; z), \qquad (i.11)$$

$$\frac{d}{dz} \left[ z^{c-1} F(a, b, c; z) \right] = (c-1) z^{c-2} F(a, b, c-1; z), \qquad (i.12)$$

$$F(a, b, c; z) = (1-z)^{c-a-b} F(c-a, c-b, c; z), \qquad (i.13)$$

и [47, с. 298]

$$F(a, b, c; 1-z) = \frac{\Gamma(c)\Gamma(c-a-b)}{\Gamma(c-a)\Gamma(c-b)} F(a, b, a+b-c+1; z) +$$

$$+ z^{c-a-b} \frac{\Gamma(c)\Gamma(a+b-c)}{\Gamma(a)\Gamma(b)} F(c-a, c-b, 1+c-a-b; z). \qquad (i.14)$$

## 2. Операторы дробного интегродифференцирования

*Оператор дробного интегродифференцирования в смысле Римана-Лиувилля* порядка $|\mu|$ с началом в точке $c$ и концом в точке $t$ определяется следующим образом [52, с. 9]

$$
D_{ct}^{\mu} g(\xi) = \begin{cases}
\dfrac{\text{sign}(t-c)}{\Gamma(-\mu)} \displaystyle\int\limits_{c}^{t} \dfrac{g(\xi)}{|t-\xi|^{\mu+1}}\, d\xi & \mu < 0, \\[2ex]
g(t) & \mu = 0, \\[2ex]
\text{sign}^{[\mu]+1}(t-c) \dfrac{d^{[\mu]+1}}{dt^{[\mu]+1}} D_{ct}^{\mu-[\mu]-1} g(t) & \mu > 0.
\end{cases}
$$

Здесь $\Gamma(z)$ – гамма - функция Эйлера; $[\mu]$ – целая часть числа $\mu$.

Для функции $u(x,y)$, зависящей от двух переменных, оператор частного интегродифференцирования по переменной $x$ $D_{cx}^{\mu} u(x,y)$ определяется также, как и для функции одной переменной, при этом вторая переменная $y$ рассматривается как параметр. Оператор частного интегродифференцирования по переменной $y$ определяется аналогично.

*Регуляризованная дробная производная (производная Капуто)* определяется с помощью равенства

$$
\partial_{ct}^{\mu} g(t) = \text{sign}^{n}(t-c) D_{ct}^{\mu-n} g^{(n)}(t),\ n-1 < \mu \le n,\ n = 1, 2, \ldots,
$$

и связана с производной Римана-Лиувилля соотношением

$$
\partial_{ct}^{\mu} g(t) = D_{ct}^{\mu} g(t) - \sum_{k=0}^{n-1} \frac{g^{(k)}(c)}{\Gamma(k-\mu+1)} |c-t|^{k-\mu},
$$

где $n-1 < \mu \le n,\ n = 1, 2, \ldots$

Как следует из определения операторов дробного дифференцирования, в случае, когда порядок дифференцирования $\mu = n$ является целым, имеют место соотношения

$$
D_{ct}^{n} g(t) = \partial_{ct}^{n} g(t) = \text{sign}^{n}(t-c) g^{(n)}(t).
$$

Для степенных функций и функции типа Миттаг-Леффлера справедливы формулы дробного интегрирования и дифференцирования [77, с.140]

$$
D_{ct}^{\nu} |t-c|^{\mu-1} = \frac{\Gamma(\mu)}{\Gamma(\mu-\nu)} |t-c|^{\mu-\nu-1}, \tag{i.15}
$$

$$D_{ax}^{-\alpha}(x-a)^{\beta-1}(b-x)^{\gamma-1} = \frac{\Gamma(\beta)}{\Gamma(\alpha+\beta)}\frac{(x-a)^{\alpha+\beta-1}}{(b-a)^{1-\gamma}}\times$$

$$\times F\left(\beta, 1-\gamma, \alpha+\beta; \frac{x-a}{b-a}\right), \; \alpha > 0, \; \beta > 0, \; a < x < b, \qquad \text{(i.16)}$$

[29, с. 120]

$$D_{ct}^{\nu}|t-c|^{\mu-1}E_{1/\rho}(\lambda|t-c|^{\rho}; \mu) = |t-c|^{\mu-\nu-1}E_{1/\rho}(\lambda|t-c|^{\rho}; \mu-\nu). \quad \text{(i.17)}$$

Формулы (i.15) и (i.17) справедливы для любого положительного $\mu$ и произвольного $\nu$. В случае, когда $\nu = 1, 2, \ldots$, значение $\mu$ может быть произвольным, в том числе равняться нулю, либо быть отрицательным.

*Оператор дробного интегродифференцирования порядка $|\alpha|$ с фиксированными началом и концом* в точках $a$ и $b$ определяется следующим образом [52, с. 49]:

при $\alpha < 0$

$$I_{ab}^{\alpha}g(x) = (D_{ax}^{\alpha} + D_{bx}^{\alpha})g(x) = \frac{1}{\Gamma(-\alpha)}\int\limits_a^b \frac{g(t)dt}{|x-t|^{\alpha+1}};$$

при $\alpha > 0$

$$I_{ab}^{\alpha}g(x) = (D_{ax}^{\alpha} + (-1)^{[\alpha]+1}D_{bx}^{\alpha})g(x) = \frac{d^{[\alpha]+1}}{dx^{[\alpha]+1}}I_{ab}^{\alpha-[\alpha]-1}g(x).$$

### 3. Дифференциальные уравнения дробного порядка

Для уравнения

$$D_{ct}^{\mu}g(t) - \lambda g(t) = f(t), \; n-1 < \mu \le n, \; n = 1, 2, \ldots,$$

решение задачи Коши

$$\lim_{t\to c} D_{ct}^{\mu-k}g(t) = g_k, \; k = \overline{1, n},$$

имеет вид [77, с. 602]

$$g(t) = \sum_{k=1}^{n} g_k|t-c|^{\mu-k}E_{1/\mu}(\lambda|t-c|^{\mu}; \mu-k+1) +$$

$$+\text{sign}(t-c)\int\limits_c^t f(\xi)|t-\xi|^{\mu-1}E_{1/\mu}(\lambda|t-\xi|^{\mu}; \mu)d\xi. \qquad \text{(i.18)}$$

Для уравнения с производной Капуто

$$\partial_{ct}^{\mu} g(t) - \lambda g(t) = f(t),\ n - 1 < \mu \leq n,\ n = 1, 2, \ldots,$$

задача Коши

$$g^{(n-k)}(c) = g_k,\ k = \overline{1, n},$$

имеет решение

$$g(t) = \sum_{k=1}^{n} g_k |t - c|^{n-k} E_{1/\mu}(\lambda |t - c|^{\mu}; n - k + 1) +$$

$$+ \operatorname{sign}(c - t) \int\limits_{c}^{t} f(\xi) |t - \xi|^{\mu-1} E_{1/\mu}(\lambda |t - \xi|^{\mu}; \mu) d\xi. \qquad (\text{i.19})$$

## 4. Свойства положительности операторов дробного интегрирования и дифференцирования

Выражение $(g, h)_{[c,d]}$ отождествим со скалярным произведением в пространстве $L^2[c, d]$:

$$(g, h)_{[c,d]} = \int\limits_{c}^{d} g(t)h(t)dt . \qquad (\text{i.20})$$

В работе [52, с. 45] показано, что *для любого* $\mu \in\ ] - 1, 0]$ *оператор дробного интегрирования* $D_{ct}^{\mu}$, *область определения* $D_{\mu}[c, d]$ *которого принадлежит пространству* $L[c, d]$ *функций* $g(t)$, *интегрируемых по Риману на* $[c, d]$, *является положительно определенным*

$$(g, D_{ct}^{\mu} g)_{[c,d]} = (g, D_{dt}^{\mu} g)_{[c,d]} \geq 0 \qquad (\text{i.21})$$

*и* $(g, D_{ct}^{\mu} g)_{[c,d]} = 0$ *тогда и только тогда, когда* $g = 0$ , $\forall\, t \in [c, d]$.

Также известно свойство положительности оператора дробного дифференцирования [52, с. 46]: *для любого* $\mu \in [0, 1[$ *и любой функции* $g(t) \in A_0^{\mu}[c, d]$ *скалярное произведение*

$$(g, D_{ct}^{\mu} g)_{[c,d]} \geq 0 \qquad (\text{i.22})$$

*и* $(g, D_{ct}^{\mu} g)_{[c,d]} = 0$ *тогда и только тогда, когда* $g = 0$ , $\forall\, t \in [c, d]$.

Здесь $A_0^\mu[c,d]$ – множество всех функций $g(t)$, имеющих абсолютно непрерывный на $[c,d]$ дробный интеграл порядка $1-\mu$ с началом в точке $c$ и концом в точке $t$, который обращается в нуль при $t=c$.

В работе [53] доказано следующее утверждение : *если $|\mu| < 1$ и функция $h = h(t)$ является неотрицательной, невозрастающей и непрерывной на сегменте $[c,d]$, то для любой функции $g \in D_\mu[c,d]$ имеет место неравенство*

$$(g, hD_{ct}^\mu g)_{[c,d]} \geq 0 \qquad (\text{i}.23)$$

*и* $(g, hD_{ct}^\mu g)_{[c,d]} = 0$ *тогда и только тогда, когда $g = 0$ , $\forall\, t \in [c,d]$.*

# Часть 1

## Уравнения порядка меньше либо равного единице с операторами интегродифференцирования с различными началами

### 1.1. Уравнение с производными Римана-Лиувилля. Постановка задачи

В прямоугольной области $\Omega = \{(x,y) : 0 < x < a, \, 0 < y < b\}$ евклидовой плоскости точек $(x, y)$ рассмотрим дифференциальное уравнение

$$D_{0x}^{\alpha} u(x, y) + A D_{0y}^{\beta} u(x, y) +$$

$$+ \sum_{j=1}^{n} a_j D_{0x}^{\alpha_j} u(x, y) + B D_{ax}^{\gamma} u(x, y) = f(x, y) \,, \qquad (1.1)$$

где $0 < \alpha, \beta \le 1$, $\alpha\beta < 1$, $\gamma \le 0, \alpha_j \le 0$, $j = \overline{1, n}$ ; $A, B, a_j, j = \overline{1, n}$ , – постоянные величины; $D_{ct}^{\mu}$ – оператор дробного интегродифференцирования (в смысле Римана-Лиувилля) порядка $|\mu|$ с началом в точке $c$ и концом в точке $t$.

Для уравнения (1.1) краевые задачи были исследованы в работе [69] в случае, когда $B = 0$, $a_j = 0, j = \overline{1, n}$; в работе [73, с. 92-93] в случае, когда $\gamma = 0$, $a_j = 0, j = \overline{1, n}$.

*Регулярным решением уравнения* (1.1) в области $\Omega$ назовем функцию $u = u(x, y)$ из класса $x^{1-\alpha} y^{1-\beta} u(x, y) \in C(\overline{\Omega})$, $D_{0x}^{\alpha} u$, $D_{0y}^{\beta} u \in C(\Omega)$, удовлетворяющую уравнению (1.1) во всех точках $(x, y) \in \Omega$.

Сформулируем следующую краевую задачу.

**Задача 1.1.** *Найти регулярное решение* $u = u(x, y)$ *уравнения* *(1.1),* $0 < \alpha, \beta \leq 1$, $\alpha\beta < 1$, $\gamma \leq 0, \alpha_j \leq 0$, $j = \overline{1, n}$, *в области* $\Omega$, *удовлетворяющее краевым условиям*

$$\lim_{y \to 0} D_{0y}^{\beta-1} u(x, y) = \psi(x) , \; 0 < x < a , \tag{1.2}$$

$$\lim_{x \to 0} D_{0x}^{\alpha-1} u(x, y) = \varphi(y) , \; 0 < y < b , \tag{1.3}$$

*где* $\varphi(y)$, $\psi(x)$ – *заданные функции.*

Заметим, что если $t^{1-\mu} g(t) = g_0(t) \in C[0, 1]$, $0 < \mu < 1$, то

$$\lim_{t \to 0} D_{0t}^{\mu-1} g(t) = \frac{1}{\Gamma(1-\mu)} \lim_{t \to 0} \int_0^t \frac{g_0(\xi) \xi^{\mu-1}}{(t-\xi)^\mu} \, d\xi = \Gamma(\mu) \lim_{t \to 0} t^{1-\mu} g(t) .$$

Поэтому условия (1.2), (1.3), заданные в нелокальной постановке, эквивалентны условиям в локальной постановке (по терминологии А.М. Нахушева [55, с. 27])

$$\Gamma(\beta) \lim_{y \to 0} y^{1-\beta} u(x, y) = \psi(x) , \; \Gamma(\alpha) \lim_{x \to 0} x^{1-\alpha} u(x, y) = \varphi(y) .$$

## 1.2. Формулировка результатов и решение задачи

**Теорема 1.1.** *Пусть* $A > 0$, $0 < \alpha, \beta \leq 1$, $\alpha\beta < 1$, $\gamma \leq 0, \alpha_j \leq 0$, $j = \overline{1, n}$, $x^{1-\alpha} \psi(x) \in C[0, a]$, $y^{1-\beta} \varphi(y) \in C[0, b]$, $x^{1-\alpha} y^{1-\beta} f(x, y) \in C(\overline{\Omega})$, $f(x, y)$ *удовлетворяет условию Гельдера по переменной* $x$, *и выполнено условие согласования*

$$\lim_{y \to 0} D_{0y}^{\beta-1} \varphi(y) = \lim_{x \to 0} D_{0x}^{\alpha-1} \psi(x) ,$$

*тогда в области* $\Omega$ *существует единственное регулярное решение уравнения (1.1), удовлетворяющее краевым условиям (1.2) и (1.3).*

**Доказательство.** Следуя [69] ([73, с. 54]), будем обозначать

$$w(x, y) = \left( x^{\alpha-1}/y \right) e_{\alpha,\beta}^{\alpha,0} \left( -Ax^\alpha/y^\beta \right) ,$$

где $e_{\alpha,\beta}^{\mu,\delta}(z) = \sum_{n=0}^{\infty} \frac{z^n}{\Gamma(\delta - \beta n)\Gamma(\mu + \alpha n)}$ – функция типа Райта.

Запишем уравнение (1.1) в виде

$$D_{0x}^{\alpha}u(x,y) + AD_{0y}^{\beta}u(x,y) = f_0(x,y), \qquad (1.4)$$

здесь $f_0(x,y) = f(x,y) - BD_{ax}^{\gamma}u(x,y) - \sum_{j=1}^{n} a_j D_{0x}^{\alpha_j}u(x,y)$.

При $A > 0$ получаем, что если функция $u(x,y)$ является решением задачи (1.2), (1.3), (1.4), то она удовлетворяет уравнению [69] ([73, с. 54])

$$u(x,y) = \int_0^y \varphi(\eta)w(x, y-\eta)d\eta + A\int_0^x \psi(\xi)w(x-\xi, y)d\xi +$$

$$+ \int_0^x \int_0^y f_0(\xi, \eta)w(x-\xi, y-\eta)d\eta d\xi . \qquad (1.5)$$

То есть, $u(x,y)$ является решением интегрального уравнения

$$u(x,y) = f_1(x,y) -$$

$$- \int_0^x \int_0^y w(x-\xi, y-\eta)\left[ BD_{a\xi}^{\gamma}u(\xi,\eta) + \sum_{j=1}^{n} a_j D_{0\xi}^{\alpha_j}u(\xi,\eta) \right]d\eta d\xi , (1.6)$$

где

$$f_1(x,y) = \int_0^y \varphi(\eta)w(x, y-\eta)d\eta + A\int_0^x \psi(\xi)w(x-\xi, y)d\xi +$$

$$+ \int_0^x \int_0^y f(\xi, \eta)w(x-\xi, y-\eta)d\eta d\xi .$$

Из свойств функции $e_{\alpha,\beta}^{\mu,\delta}(z)$ [73, с. 24]

$$\lim_{|z|\to\infty} e_{\alpha,\beta}^{\mu,\delta}(z) = 0 \quad \text{при} \quad \pi \geq |\arg z| > \pi(\alpha+\beta)/2 + \varepsilon, \ \varepsilon > 0,$$

$$ze_{\alpha,\beta}^{\mu,\delta}(z) = e_{\alpha,\beta}^{\mu-\alpha,\delta+\beta}(z) - \frac{1}{\Gamma(\mu-\alpha)\Gamma(\delta+\beta)}$$

следует, что существует постоянная $k_0 > 0$, такая, что для функции $w(x,y)$ справедлива оценка [73, с. 29]

$$|w(x,y)| \leq k_0 x^{\alpha(1-\nu)-1}y^{\beta\nu-1} \quad \text{при} \quad \nu \in [0,1]. \qquad (1.7)$$

13

Для функций $x^{1-\alpha}y^{1-\beta}g(x,y) \in C(\overline{\Omega})$ введем норму $\|g\|$ следующим образом

$$\|g\| = \max_{\substack{0 \le x \le a \\ 0 \le y \le b}} \left| x^{1-\alpha}y^{1-\beta}g(x,y) \right| \qquad (1.8)$$

и обозначим

$$\|g\|_x = (\|g\|_x)(y) = \max_{0 \le x \le a} \left| x^{1-\alpha}g(x,y) \right|. \qquad (1.9)$$

При $\gamma < 0$, используя (1.9), оценим

$$|D_{a\xi}^{\gamma}u(\xi,\eta)| \le \frac{\|u\|_x}{\Gamma(-\gamma)} \int\limits_{\xi}^{a} \xi_1^{\alpha-1}(\xi_1 - \xi)^{-\gamma-1}d\xi_1 \le$$

$$\le \frac{\xi^{\alpha-1}\|u\|_x}{\Gamma(-\gamma)} \int\limits_{\xi}^{a} (\xi_1 - \xi)^{-\gamma-1}d\xi_1 = \frac{\xi^{\alpha-1}\|u\|_x}{\Gamma(1-\gamma)}(a - \xi)^{-\gamma}.$$

Это означает, что выполняется неравенство

$$|D_{a\xi}^{\gamma}u(\xi,\eta)| \le k_1\xi^{\alpha-1}\|u\|_x , \qquad (1.10)$$

где $k_1 = \dfrac{a^{-\gamma}}{\Gamma(1-\gamma)}$.

Принимая во внимание (1.9), убеждаемся в достоверности последнего неравенства и при $\gamma = 0$.

При $\alpha_j < 0$, $j = \overline{1,n}$, с учетом (1.9) также получим

$$|D_{0\xi}^{\alpha_j}u(\xi,\eta)| \le \frac{\|u\|_x}{\Gamma(-\alpha_j)} \int\limits_{0}^{\xi} \xi_1^{\alpha-1}(\xi - \xi_1)^{-\alpha_j-1}d\xi_1.$$

Выполнив замену переменной $\xi_1 = \xi t$ и используя формулу (i.3), вычислим интеграл

$$\int\limits_{0}^{\xi} \xi_1^{\alpha-1}(\xi - \xi_1)^{-\alpha_j-1}d\xi_1 = \xi^{\alpha-\alpha_j-1}\mathrm{B}(\alpha, -\alpha_j).$$

Тогда

$$|D_{0\xi}^{\alpha_j}u(\xi,\eta)| \le \frac{\Gamma(\alpha)}{\Gamma(\alpha-\alpha_j)}\xi^{\alpha-\alpha_j-1}\|u\|_x , \; j = \overline{1,n}. \qquad (1.11)$$

Неравенство (1.11) справедливо и при $\alpha_j = 0$, $j = \overline{1,n}$.

На основании найденных соотношений (1.10) и (1.11) имеем

$$\left| BD_{a\xi}^{\gamma} u(\xi,\eta) + \sum_{j=1}^{n} a_j D_{0\xi}^{\alpha_j} u(\xi,\eta) \right| \leq \xi^{\alpha-1} \left\| u \right\|_x k_2,$$

где $k_2 = k_1 |B| + \sum_{j=1}^{n} |a_j| \dfrac{\Gamma(\alpha)}{\Gamma(\alpha - \alpha_j)} \, a^{-\alpha_j}$.

Значит,

$$\left| BD_{a\xi}^{\gamma} u(\xi,\eta) + \sum_{j=1}^{n} a_j D_{0\xi}^{\alpha_j} u(\xi,\eta) \right| \leq k_2 \xi^{\alpha-1} \left\| u \right\|_x . \qquad (1.12)$$

Уранение (1.6) удобно переписать в виде

$$u(x,y) = f_1(x,y) + F(u) , \qquad (1.13)$$

здесь

$$F(u) = -\int\limits_{0}^{x} \int\limits_{0}^{y} w(x-\xi, y-\eta) \left[ BD_{a\xi}^{\gamma} u(\xi,\eta) + \sum_{j=1}^{n} a_j D_{0\xi}^{\alpha_j} u(\xi,\eta) \right] d\eta d\xi .$$

Используя оценку (1.7) при $\nu \in (0,1)$ и неравенство (1.12), для интегрального оператора $F(u)$ найдем

$$|F(u)| \leq k_0 k_2 \int\limits_{0}^{x} \xi^{\alpha-1} (x-\xi)^{\alpha(1-\nu)-1} d\xi \int\limits_{0}^{y} (y-\eta)^{\beta\nu-1} \left\| u \right\|_x d\eta .$$

С учетом (i.3), сделав замену переменной $\xi = x\rho$, получим

$$\int\limits_{0}^{x} \xi^{\alpha-1}(x-\xi)^{\alpha(1-\nu)-1} d\xi = x^{\alpha(2-\nu)-1} \int\limits_{0}^{1} \rho^{\alpha-1}(1-\rho)^{\alpha(1-\nu)-1} d\rho =$$

$$= x^{\alpha(2-\nu)-1} \mathrm{B}(\alpha, \alpha(1-\nu)) .$$

Используя определение интеграла дробного порядка, можно записать

$$\int\limits_{0}^{y} (y-\eta)^{\beta\nu-1} \left\| u \right\|_x d\eta = \Gamma(\beta\nu) D_{0y}^{-\beta\nu} \left\| u \right\|_x .$$

Тогда
$$|F(u)| \leq k_0 k_2 x^{\alpha(2-\nu)-1} \mathrm{B}(\alpha, \alpha(1-\nu)) \Gamma(\beta\nu) D_{0y}^{-\beta\nu} \|u\|_x$$

и

$$\|F(u)\|_x \leq k_0 k_2 \mathrm{B}(\alpha, \alpha(1-\nu)) \Gamma(\beta\nu) a^{\alpha(1-\nu)} D_{0y}^{-\beta\nu} \|u\|_x . \qquad (1.14)$$

Далее установим, что для $n$-й степени оператора $F$ справедлива оценка

$$\|F^n(u)\|_x \leq K^n D_{0y}^{-n\beta\nu} \|u\|_x , \qquad (1.15)$$

где $K = k_0 k_2 \mathrm{B}(\alpha, \alpha(1-\nu)) \Gamma(\beta\nu) a^{\alpha(1-\nu)}$.

Из (1.14) очевидно, что эта формула справедлива при $n = 1$. Предположим, что она верна для $n - 1$, и докажем, что оценка (1.15) имеет место и для $n$. Действительно,

$$|F^n(u)| = \left| F(F^{n-1}(u)) \right| = \left| \int\limits_0^x \int\limits_0^y w(x-\xi, y-\eta) \times \right.$$

$$\times \left. \left[ B D_{a\xi}^{\gamma} F^{n-1}(u(\xi,\eta)) + \sum_{j=1}^n a_j D_{0\xi}^{\alpha_j} F^{n-1}(u(\xi,\eta)) \right] d\eta d\xi \right| \leq$$

$$\leq k_0 k_2 \int\limits_0^x \xi^{\alpha-1}(x-\xi)^{\alpha(1-\nu)-1} d\xi \int\limits_0^y (y-\eta)^{\beta\nu-1} \left\| F^{n-1}(u) \right\|_x d\eta .$$

Воспользовавшись предположением о справедливости формулы(1.15) для $n - 1$, получим

$$|F^n(u)| \leq k_0 k_2 K^{n-1} x^{\alpha(2-\nu)-1} \mathrm{B}(\alpha, \alpha(1-\nu)) \int\limits_0^y (y-\eta)^{\beta\nu-1} D_{0\eta}^{-(n-1)\beta\nu} \|u\|_x d\eta .$$

Так как

$$\int\limits_0^y (y-\eta)^{\beta\nu-1} D_{0\eta}^{-(n-1)\beta\nu} \|u\|_x d\eta = \Gamma(\beta\nu) D_{0y}^{-\beta\nu} D_{0\eta}^{-(n-1)\beta\nu} \|u\|_x =$$

$$= \Gamma(\beta\nu) D_{0y}^{-n\beta\nu} \|u\|_x ,$$

то

$$|F^n(u)| \leq k_0 k_2 K^{n-1} \mathrm{B}(\alpha, \alpha(1-\nu)) \Gamma(\beta\nu) x^{\alpha(2-\nu)-1} D_{0y}^{-n\beta\nu} \|u\|_x ,$$

$$\|F^n(u)\|_x = \max_{0 \le x \le a} \left| x^{1-\alpha} F^n(u) \right| \le$$

$$\le \max_{0 \le x \le a} \left| x^{1-\alpha} k_0 k_2 K^{n-1} \mathrm{B}(\alpha, \alpha(1-\nu)) \Gamma(\beta\nu) x^{\alpha(2-\nu)-1} D_{0y}^{-n\beta\nu} \|u\|_x \right| =$$

$$= k_0 k_2 K^{n-1} \mathrm{B}(\alpha, \alpha(1-\nu)) \Gamma(\beta\nu) a^{\alpha(1-\nu)} D_{0y}^{-n\beta\nu} \|u\|_x \,,$$

откуда получаем доказываемое соотношение (1.15).

Используя (1.8), (1.9) и (i.3), найдем

$$D_{0y}^{-n\beta\nu} \|u\|_x = \frac{1}{\Gamma(n\beta\nu)} \int\limits_0^y \frac{\|u\|_x d\eta}{(y-\eta)^{-n\beta\nu+1}} \le$$

$$\le \frac{\|u\|}{\Gamma(n\beta\nu)} \int\limits_0^y \eta^{\beta-1}(y-\eta)^{n\beta\nu-1} d\eta = \frac{\|u\|}{\Gamma(n\beta\nu)} y^{\beta(n\nu+1)-1} \frac{\Gamma(\beta)\Gamma(n\beta\nu)}{\Gamma(\beta(n\nu+1))} =$$

$$= \frac{\Gamma(\beta)}{\Gamma(\beta(n\nu+1))} y^{\beta(n\nu+1)-1} \|u\| \,. \qquad (1.16)$$

Тогда, учитывая (1.15) и (1.16), получим

$$\|F^n(u)\| = \max_{\substack{0 \le x \le a \\ 0 \le y \le b}} \left| x^{1-\alpha} y^{1-\beta} F^n(u) \right| \le \max_{0 \le y \le b} \left| y^{1-\beta} K^n D_{0y}^{-n\beta\nu} \|u\|_x \right| \le$$

$$\le \max_{0 \le y \le b} \left| y^{1-\beta} K^n \frac{\Gamma(\beta)}{\Gamma(\beta(n\nu+1))} y^{\beta(n\nu+1)-1} \|u\| \right| = K^n \frac{\Gamma(\beta)}{\Gamma(\beta(n\nu+1))} b^{n\beta\nu} \|u\| \,.$$

Значит, $\|F^n(u)\| \le K_n \|u\|$, где $K_n = K^n \dfrac{\Gamma(\beta)}{\Gamma(\beta(n\nu+1))} b^{n\beta\nu}$.

Так как $K_n \to 0$ при $n \to \infty$, то существует такое натуральное число $n_0$, что $\forall\, n > n_0$ оператор $F^n$ является сжимающим. Это означает, что согласно обобщенному принципу сжатых отображений [56, с. 15] ([42, с. 82]), уравнение (1.13), т. е. (1.6), имеет и притом единственное решение. Далее очевидно, что функция $f_0(x, y)$ удовлетворяет условию Гельдера по переменной $x$ и $x^{1-\alpha} y^{1-\beta} f_0(x, y) \in C(\overline{\Omega})$. Отсюда и из соотношения (1.5) следует [69], что решение интегрального уравнения (1.6) является решением уравнения (1.1), принадлежит требуемому классу и удовлетворяет условиям (1.2), (1.3). Таким образом, $u(x, y)$ – искомое решение. Теорема доказана.

### 1.3. Задача для уравнения с производными Капуто

Здесь мы исследуем задачу в прямоугольной области для уравнения вида (1.1) с регуляризованными дробными производными (производными Капуто).

В области $\Omega = \{(x,y) : 0 < x < a,\ 0 < y < b\}$ рассмотрим уравнение

$$\partial_{0x}^{\alpha} u(x,y) + \partial_{0y}^{\beta} u(x,y) + \sum_{j=1}^{n} a_j D_{0x}^{\alpha_j} u(x,y) + B D_{ax}^{\gamma} u(x,y) = f(x,y)\ ,\quad (1.17)$$

где $0 < \alpha, \beta \leq 1$, $\gamma \leq 0$, $\alpha_j \leq 0$, $j = \overline{1,n}$, $D_{ct}^{\mu}$ – оператор дробного интегрирования Римана-Лиувилля порядка $-\mu$ с началом и концом в точках $c$ и $t$, $\partial_{ct}^{\nu}$ – оператор дробного дифференцирования (по Капуто) порядка $\nu$.

*Регулярным решением уравнения* (1.17) в области $\Omega$ назовем функцию $u = u(x,y)$ из класса $u(x,y) \in C(\overline{\Omega})$, $\partial_{0x}^{\alpha} u$, $\partial_{0y}^{\beta} u \in C(\Omega)$, удовлетворяющую уравнению (1.17) в области $\Omega$.

**Задача 1.2.** *Найти регулярное решение $u = u(x,y)$ уравнения (1.17) в области $\Omega$, удовлетворяющее краевым условиям*

$$u(x,0) = \psi(x),\ x \in [0,a];\ u(0,y) = \varphi(y),\ y \in [0,b], \qquad (1.18)$$

*где $\psi$, $\varphi$ – заданные непрерывные функции.*

**Теорема 1.2.** *Пусть $0 < \alpha, \beta \leq 1$, $\alpha\beta < 1$, $\gamma \leq 0$, $\alpha_j \leq 0$, $j = \overline{1,n}$, $\psi(x) \in C[0,a]$, $\varphi(y) \in C[0,b]$, $f(x,y) \in C(\overline{\Omega})$, $f(x,y)$ удовлетворяет условию Гельдера по переменной $x$, и выполнено условие согласования $\psi(0) = \varphi(0)$.*

*Тогда существует единственное регулярное решение уравнения (1.17) в области $\Omega$, удовлетворяющее краевым условиям (1.18).*

**Доказательство.** Запишем уравнение (1.17) в виде

$$\partial_{0x}^{\alpha} u(x,y) + \partial_{0y}^{\beta} u(x,y) = f_0(x,y), \qquad (1.19)$$

здесь $f_0(x,y) = f(x,y) - \sum_{j=1}^{n} a_j D_{0x}^{\alpha_j} u(x,y) - B D_{ax}^{\gamma} u(x,y)$.

Если функция $u(x,y)$ является решением задачи (1.18), (1.19), то она удовлетворяет уравнению ([73, с. 66])

$$u(x,y) = \int\limits_0^y \varphi(\eta) w_1(x, y-\eta) d\eta + \int\limits_0^x \psi(\xi) w_2(x-\xi, y) d\xi +$$

$$+ \int\limits_0^x \int\limits_0^y f_0(\xi,\eta) w(x-\xi, y-\eta) d\eta d\xi \, , \qquad (1.20)$$

где $w_1(x,y) = \dfrac{1}{y} e_{\alpha,\beta}^{1,0} \left( -\dfrac{x^\alpha}{y^\beta} \right)$, $\; w_2(x,y) = -\dfrac{1}{x} e_{\alpha,\beta}^{0,1} \left( -\dfrac{x^\alpha}{y^\beta} \right)$,

$w(x,y) = \dfrac{x^{\alpha-1}}{y} e_{\alpha,\beta}^{\alpha,0} \left( -\dfrac{x^\alpha}{y^\beta} \right)$.

То есть $u(x,y)$ является решением интегрального уравнения

$$u(x,y) = f_1(x,y) - \int\limits_0^x \int\limits_0^y w(x-\xi, y-\eta) \times$$

$$\times \left[ B D_{a\xi}^\gamma u(\xi,\eta) + \sum_{j=1}^n a_j D_{0\xi}^{\alpha_j} u(\xi,\eta) \right] d\eta d\xi, \qquad (1.21)$$

где $f_1(x,y) = \int\limits_0^y \varphi(\eta) w_1(x, y-\eta) d\eta + \int\limits_0^x \psi(\xi) w_2(x-\xi, y) d\xi +$

$$+ \int\limits_0^x \int\limits_0^y f(\xi,\eta) w(x-\xi, y-\eta) d\eta d\xi \; .$$

Для функций $g(x,y) \in C(\overline{\Omega})$ введем норму

$$\|g\| = \max_{\substack{0 \le x \le a \\ 0 \le y \le b}} |g(x,y)| \qquad (1.22)$$

и обозначим

$$\|g\|_x = \left( \|g\|_x \right)(y) = \max_{0 \le x \le a} |g(x,y)|. \qquad (1.23)$$

Используя (1.23), получим неравенство

$$\left| B D_{a\xi}^\gamma u(\xi,\eta) + \sum_{j=1}^n a_j D_{0\xi}^{\alpha_j} u(\xi,\eta) \right| \le k_1 \|u\|_x \, , \qquad (1.24)$$

где $k_1 = |B| \dfrac{a^{-\gamma}}{\Gamma(1-\gamma)} + \sum_{j=1}^n |a_j| \dfrac{a^{-\alpha_j}}{\Gamma(1-\alpha_j)}$ .

Для интегрального оператора

$$F(u) = - \int\limits_0^x \int\limits_0^y w(x-\xi, y-\eta) \left[ B D_{a\xi}^\gamma u(\xi,\eta) + \sum_{j=1}^n a_j D_{0\xi}^{\alpha_j} u(\xi,\eta) \right] d\eta d\xi \, ,$$

учитывая оценку (1.7) при $\nu \in (0,1)$ и неравенство (1.24), найдем

$$|F(u)| \leq k_0 k_1 \int\limits_0^x (x-\xi)^{\alpha(1-\nu)-1} d\xi \int\limits_0^y (y-\eta)^{\beta\nu-1} \|u\|_x \, d\eta =$$

$$= k_0 k_1 \frac{x^{\alpha(1-\nu)}}{\alpha(1-\nu)} \Gamma(\beta\nu) D_{0y}^{-\beta\nu} \|u\|_x \ .$$

Тогда $\|F(u)\|_x \leq D_{0y}^{-\beta\nu} \|u\|_x$ , где $C = \dfrac{k_0 k_1}{\alpha(1-\nu)} a^{\alpha(1-\nu)} \Gamma(\beta\nu)$.

Нетрудно показать, что для $n$-й степени оператора $F$ имеет место неравенство

$$\|F^n(u)\|_x \leq C^n D_{0y}^{-n\beta\nu} \|u\|_x . \tag{1.25}$$

Согласно (1.22) и (1.23), имеем

$$D_{0y}^{-n\beta\nu} \|u\|_x = \frac{1}{\Gamma(n\beta\nu)} \int\limits_0^y \frac{\|u\|_x d\eta}{(y-\eta)^{-n\beta\nu+1}} \leq \frac{\|u\|}{\Gamma(n\beta\nu)} \int\limits_0^y (y-\eta)^{n\beta\nu-1} d\eta =$$

$$= \frac{\|u\|}{\Gamma(n\beta\nu+1)} y^{n\beta\nu} . \tag{1.26}$$

Тогда, учитывая (1.25) и (1.26), получим $\|F^n(u)\| \leq C_n \|u\|$, где $C_n = \dfrac{1}{\Gamma(n\beta\nu+1)} C^n b^{n\beta\nu}$.

Так как $C_n \to 0$ при $n \to \infty$, то существует такое натуральное число $n_0$, что $\forall\, n > n_0$ оператор $F^n$ является сжимающим. Это означает, что согласно обобщенному принципу сжатых отображений [56, с. 15] ([42, с. 82]), интегральное уравнение (1.21) имеет и притом единственное решение. Так как $f_0(x,y) \in C(\overline{\Omega})$ и $f_0(x,y)$ удовлетворяет условию Гельдера по переменной $x$, то отсюда и из соотношения (1.20) следует, что решение интегрального уравнения(1.21) является решением уравнения(1.17), удовлетворяет краевым условиям (1.18) и принадлежит требуемому классу при выполнении условия согласования и условий, наложенных на функции $\varphi(y)$, $\psi(x)$, $f(x,y)$. Теорема доказана.

# Часть 2

## Задачи для уравнений с оператором дробного дифференцирования с фиксированными началом и концом

### 2.1. Постановка задачи для уравнения порядка меньше единицы

В области $\Omega = \{(x,y) : 0 < x < a,\ 0 < y < b\}$ рассмотрим нагруженное дифференциальное уравнение дробного порядка

$$D_{0y}^{\beta} \bar{u}(y) = A I_{0a}^{\alpha} u(x,y)\,, \qquad (2.1)$$

где $0 < \alpha, \beta < 1$, $A = \mathrm{const} \neq 0$, $\bar{u}(y)$ – среднее значение функции $u(x,y)$ по переменной $x$ на сегменте $[0,a]$:

$$\bar{u}(y) = \frac{1}{a} \int\limits_0^a u(x,y)dx,$$

$D_{0y}^{\beta}$ – оператор дробного дифференцирования (в смысле Римана-Лиувилля) порядка $\beta$ с началом в точке $0$ и концом в точке $y$, $I_{0a}^{\alpha}$ – оператор дробного дифференцирования порядка $\alpha$ с фиксированными началом и концом в точках $x = 0$ и $x = a$, действующий на функцию $u(x,y)$ по переменной $x$.

Сформулируем следующую краевую задачу.

**Задача 2.1.** *Найти решение $u = u(x,y)$ уравнения (2.1), $0 < \alpha, \beta < 1$, в области $\Omega$, удовлетворяющее краевым условиям*

$$\lim_{x \to 0} x^{(1-\alpha)/2} u(x,y) = \varphi(y), \ 0 < y < b, \tag{2.2}$$

$$\lim_{y \to 0} D_{0y}^{\beta-1} \bar{u}(y) = \delta_0, \tag{2.3}$$

где $\varphi(y)$ – заданная функция, $\delta_0$ – заданная постоянная величина.

Регулярным решением уравнения (2.1) в области $\Omega$ будем называть решение $u = u(x,y)$, такое, что $y^{1-\beta}[x(a-x)]^{(1-\alpha)/2} u(x,y) \in C(\overline{\Omega})$, $D_{0y}^{\beta} \bar{u}(y) \in C(0,b)$, $I_{0a}^{\alpha-1} u(x,y) \in C^1(\Omega)$.

Отметим, что решение уравнения (2.1) может быть использовано при нахождении приближенного решения уравнения [54]

$$D_{0y}^{\beta} u(x,y) = A I_{0a}^{\alpha} u(x,y) \,,$$

которое при $B = -A$, $\gamma = \alpha$ является частным случаем уравнения

$$D_{0y}^{\beta} u(x,y) = A D_{0x}^{\alpha} u(x,y) + B D_{ax}^{\gamma} u(x,y) \,. \tag{2.4}$$

Для уравнения (2.4) краевые задачи были исследованы в работе [69] в случае, когда $B = 0$; в работе [73, с. 92-93] в случае, когда $\gamma = 0$.

В работах [20] – [22] для нахождения решения уравнения (2.4), в случае $\gamma = \alpha$, используются численные методы.

## 2.2. Доказательство существования и единственности решения

Пусть

$$B(x) = \left[\frac{x(a-x)}{a}\right]^{(\alpha-1)/2}, \tag{2.5}$$

$$A(x) = \frac{1}{2\Gamma(\alpha+1)\sin\left(\frac{\alpha\pi}{2}\right)} x^{(\alpha+1)/2} (a-x)^{(\alpha-1)/2}, \tag{2.6}$$

$$A_0 = \frac{a^{\alpha}}{4} \frac{\mathrm{B}\left(\frac{\alpha+1}{2}, \frac{\alpha+1}{2}\right)}{\Gamma(\alpha+1)\sin\left(\frac{\alpha\pi}{2}\right)}, \ B_0 = a^{(\alpha-1)/2} \mathrm{B}\left(\frac{\alpha+1}{2}, \frac{\alpha+1}{2}\right), \tag{2.7}$$

$$\lambda = A/A_0, \ G(y) = -\frac{AB_0}{A_0}\varphi(y). \tag{2.8}$$

Справедлива следующая

**Теорема 2.1.** *Пусть $0 < \alpha, \beta < 1$, $\varphi(y) \in C[0, b]$. Тогда в области $\Omega$ уравнение (2.1) имеет единственное регулярное решение, удовлетворяющее краевым условиям (2.2), (2.3). Это решение задается формулой*

$$u(x, y) = B(x)\varphi(y) + \frac{1}{A}A(x)\left[G(y) + \lambda\left\{\delta_0 y^{\beta-1}E_{1/\beta}(\lambda y^\beta; \beta) + \right.\right.$$

$$\left.\left. + \int\limits_0^y G(t)(y-t)^{\beta-1}E_{1/\beta}(\lambda(y-t)^\beta; \beta)dt\right\}\right], \quad (2.9)$$

*где $A(x)$, $B(x)$, $G(y)$, $\lambda$ определяются соотношениями (2.5), (2.6) и (2.8). Здесь $E_{1/\rho}(z; \mu)$ – функция типа Миттаг-Леффлера.*

**Доказательство.** Обозначим

$$f(y) = \frac{1}{A}D_{0y}^\beta \bar{u}(y), \quad (2.10)$$

тогда из (2.1) имеем

$$I_{0a}^\alpha u(x, y) = f(y). \quad (2.11)$$

Известно [52, с. 60], что при фиксированном $y$ решение $u(x, y)$ уравнения (2.11) при $0 < \alpha < 1$ представимо в виде

$$u(x, y) = C(y)\left[\frac{x(a-x)}{a}\right]^{(\alpha-1)/2} + \frac{1}{2\Gamma(1+\alpha)}f(y)x^\alpha -$$

$$-\frac{1}{2\pi}\text{ctg}\left(\frac{\alpha\pi}{2}\right)f(y)D_{0x}^{1-\alpha}[t(a-t)]^{(1-\alpha)/2}v_\alpha(t), \quad (2.12)$$

где $C(y) \in (0, b)$,

$$v_\alpha(t) = \int\limits_0^a \frac{\tau^{(\alpha+1)/2}(a-\tau)^{(\alpha-1)/2}}{\tau - t}d\tau = S_0^a\left(\frac{\alpha+3}{2}, \frac{\alpha+1}{2}; t\right), \quad (2.13)$$

здесь $S_0^a(\nu, \mu; x)$ определяется формулой [52, с. 50]

$$S_0^a(\nu, \mu; x) = \int\limits_0^a \frac{\tau^{\nu-1}(a-\tau)^{\mu-1}}{\tau - x}d\tau,$$

интеграл понимается в смысле главного значения по Коши.

23

Воспользовавшись представлением сингулярного интеграла $S_0^a(\nu, \mu; x)$ через гипергеометрическую функцию [52, с. 52]

$$S_0^a(\nu, \mu; x) = -\pi \mathrm{ctg}\nu\pi x^{\nu-1}(a-x)^{\mu-1} +$$
$$+ \mathrm{B}(\mu, \nu-1)(a-x)^{\mu-1}a^{\nu-1}F\left(1-\nu, \mu, 2-\nu; \frac{x}{a}\right), \qquad (2.14)$$

из (2.13) получим

$$v_\alpha(t) = \pi \mathrm{tg}\left(\frac{\alpha\pi}{2}\right)t^{(\alpha+1)/2}(a-t)^{(\alpha-1)/2} + \mathrm{B}\left(\frac{\alpha+1}{2}, \frac{\alpha+1}{2}\right) \times$$
$$\times (a-t)^{(\alpha-1)/2}a^{(\alpha+1)/2}F\left(\frac{-1-\alpha}{2}, \frac{\alpha+1}{2}, \frac{1-\alpha}{2}; \frac{t}{a}\right). \qquad (2.15)$$

Принимая во внимание (2.15), приходим к равенству

$$D_{0x}^{1-\alpha}[t(a-t)]^{(1-\alpha)/2}v_\alpha(t) = \pi \mathrm{tg}\left(\frac{\alpha\pi}{2}\right)D_{0x}^{1-\alpha}t + \mathrm{B}\left(\frac{\alpha+1}{2}, \frac{\alpha+1}{2}\right) \times$$
$$\times a^{(\alpha+1)/2}D_{0x}^{1-\alpha}t^{(1-\alpha)/2}F\left(\frac{-1-\alpha}{2}, \frac{\alpha+1}{2}, \frac{1-\alpha}{2}; \frac{t}{a}\right). \qquad (2.16)$$

Функция $x^{(1-\alpha)/2}F\left(\frac{-1-\alpha}{2}, \frac{\alpha+1}{2}, \frac{1-\alpha}{2}; \frac{x}{a}\right)$ равна нулю при $x = 0$, поэтому

$$D_{0x}^{1-\alpha}t^{(1-\alpha)/2}F\left(\frac{-1-\alpha}{2}, \frac{\alpha+1}{2}, \frac{1-\alpha}{2}; \frac{t}{a}\right) =$$
$$= \frac{d}{dx}D_{0x}^{-\alpha}t^{(1-\alpha)/2}F\left(\frac{-1-\alpha}{2}, \frac{\alpha+1}{2}, \frac{1-\alpha}{2}; \frac{t}{a}\right) =$$
$$= D_{0x}^{-\alpha}\frac{d}{dt}t^{(1-\alpha)/2}F\left(\frac{-1-\alpha}{2}, \frac{\alpha+1}{2}, \frac{1-\alpha}{2}; \frac{t}{a}\right) =$$
$$= D_{0x}^{-\alpha}\frac{d}{dt}\left\{t\left[t^{(-1-\alpha)/2}F\left(\frac{-1-\alpha}{2}, \frac{\alpha+1}{2}, \frac{1-\alpha}{2}; \frac{t}{a}\right)\right]\right\} =$$
$$= D_{0x}^{-\alpha}t^{(-1-\alpha)/2}F\left(\frac{-1-\alpha}{2}, \frac{\alpha+1}{2}, \frac{1-\alpha}{2}; \frac{t}{a}\right) +$$
$$+ D_{0x}^{-\alpha}t\frac{d}{dt}t^{(-1-\alpha)/2}F\left(\frac{-1-\alpha}{2}, \frac{\alpha+1}{2}, \frac{1-\alpha}{2}; \frac{t}{a}\right). \qquad (2.17)$$

Используя формулы (i.8) и (i.9), получим

$$D_{0x}^{-\alpha}t^{(-1-\alpha)/2}F\left(\frac{-1-\alpha}{2}, \frac{\alpha+1}{2}, \frac{1-\alpha}{2}; \frac{t}{a}\right) =$$

$$= \frac{1}{\Gamma(\alpha)} \int\limits_0^x t^{(-1-\alpha)/2} (x-t)^{\alpha-1} F\left(\frac{-1-\alpha}{2}, \frac{\alpha+1}{2}, \frac{1-\alpha}{2}; \frac{t}{a}\right) dt =$$

$$= \frac{1}{\Gamma(\alpha)} x^{\frac{\alpha-1}{2}} \int\limits_0^1 \rho^{\frac{-1-\alpha}{2}} (1-\rho)^{\alpha-1} F\left(\frac{-1-\alpha}{2}, \frac{\alpha+1}{2}, \frac{1-\alpha}{2}; \frac{x}{a}\rho\right) d\rho =$$

$$= \frac{\Gamma\left(\frac{1-\alpha}{2}\right)}{\Gamma\left(\frac{\alpha+1}{2}\right)} x^{(\alpha-1)/2} F\left(\frac{-1-\alpha}{2}, \frac{\alpha+1}{2}, \frac{\alpha+1}{2}; \frac{x}{a}\right) =$$

$$= \frac{\Gamma\left(\frac{1-\alpha}{2}\right)}{\Gamma\left(\frac{\alpha+1}{2}\right)} x^{(\alpha-1)/2} \left(\frac{a-x}{a}\right)^{(\alpha+1)/2}. \tag{2.18}$$

Справедливо равенство (i.11), поэтому

$$\frac{d}{dt} t^{(-1-\alpha)/2} F\left(\frac{-1-\alpha}{2}, \frac{\alpha+1}{2}, \frac{1-\alpha}{2}; \frac{t}{a}\right) = \frac{-1-\alpha}{2} t^{(-3-\alpha)/2} \times$$

$$\times F\left(\frac{1-\alpha}{2}, \frac{\alpha+1}{2}, \frac{1-\alpha}{2}; \frac{t}{a}\right) = \frac{-1-\alpha}{2} t^{(-3-\alpha)/2} \left(\frac{a-x}{a}\right)^{(-1-\alpha)/2}.$$

Тогда, используя формулы (i.9), (i.11) и (i.16), найдем

$$D_{0x}^{-\alpha} t \frac{d}{dt} t^{(-1-\alpha)/2} F\left(\frac{-1-\alpha}{2}, \frac{\alpha+1}{2}, \frac{1-\alpha}{2}; \frac{t}{a}\right) =$$

$$= \frac{-1-\alpha}{2} a^{(1+\alpha)/2} D_{0x}^{-\alpha} t^{(-1-\alpha)/2} (a-t)^{(-1-\alpha)/2} =$$

$$= \frac{-1-\alpha}{2} \frac{\Gamma\left(\frac{1-\alpha}{2}\right)}{\Gamma\left(\frac{\alpha+1}{2}\right)} x^{(\alpha-1)/2} F\left(\frac{1-\alpha}{2}, \frac{\alpha+1}{2}, \frac{\alpha+1}{2}; \frac{x}{a}\right) =$$

$$= \frac{-1-\alpha}{2} \frac{\Gamma\left(\frac{1-\alpha}{2}\right)}{\Gamma\left(\frac{\alpha+1}{2}\right)} x^{(\alpha-1)/2} \left(\frac{a-x}{a}\right)^{(\alpha-1)/2}. \tag{2.19}$$

В силу (2.18) и (2.19), из (2.17) получим

$$D_{0x}^{1-\alpha} t^{(1-\alpha)/2} F\left(\frac{-1-\alpha}{2}, \frac{\alpha+1}{2}, \frac{1-\alpha}{2}; \frac{t}{a}\right) =$$

$$= \frac{\Gamma\left(\frac{1-\alpha}{2}\right)}{\Gamma\left(\frac{\alpha+1}{2}\right)} x^{(\alpha-1)/2} \left(\frac{a-x}{a}\right)^{(\alpha-1)/2} \left(\frac{a-x}{a} - \frac{1+\alpha}{2}\right). \tag{2.20}$$

Из (2.16) на основании равенств (2.20), (i.2), (i.15) имеем

$$D_{0x}^{1-\alpha}[t(a-t)]^{(1-\alpha)/2}v_\alpha(t) = \pi \mathrm{tg}\left(\frac{\alpha\pi}{2}\right)\frac{x^\alpha}{\Gamma(\alpha+1)} +$$

$$+ \frac{a\pi}{\Gamma(\alpha+1)\cos\left(\frac{\alpha\pi}{2}\right)}[x(a-x)]^{(\alpha-1)/2}\left(\frac{a-x}{a} - \frac{1+\alpha}{2}\right).$$

Поэтому (2.12) примет вид

$$u(x,y) = C(y)\left[\frac{x(a-x)}{a}\right]^{(\alpha-1)/2} -$$

$$- \frac{a}{2\Gamma(\alpha+1)\sin\left(\frac{\alpha\pi}{2}\right)}f(y)[x(a-x)]^{(\alpha-1)/2}\left(\frac{a-x}{a} - \frac{1+\alpha}{2}\right). \quad (2.21)$$

Учитывая (2.2), из (2.21) найдем

$$C(y) = \varphi(y) + \frac{a^{(\alpha+1)/2}}{2\Gamma(\alpha+1)\sin\left(\frac{\alpha\pi}{2}\right)}\left(\frac{1-\alpha}{2}\right)f(y).$$

Тогда после несложных преобразований из (2.21) получим

$$u(x,y) = \varphi(y)\left[\frac{x(a-x)}{a}\right]^{(\alpha-1)/2} + \frac{1}{2\Gamma(\alpha+1)\sin\left(\frac{\alpha\pi}{2}\right)}f(y)x^{\frac{\alpha+1}{2}}(a-x)^{\frac{\alpha-1}{2}}$$

или, используя обозначения (2.5) и (2.6),

$$u(x,y) = \varphi(y)B(x) + f(y)A(x). \quad (2.22)$$

Усредняя обе части равенства (2.22) по переменной $x$, в соответствии с (2.7) и (2.10), получим относительно $\bar{u}(y)$ уравнение

$$\bar{u}(y) = B_0\varphi(y) + \frac{A_0}{A}D_{0y}^\beta\bar{u}(y). \quad (2.23)$$

Так как $A_0 \neq 0$, учитывая (2.8), из (2.23) найдем

$$D_{0y}^\beta\bar{u}(y) - \lambda\bar{u}(y) = G(y). \quad (2.24)$$

Тем самым задача сведена к обыкновенному дифференциальному уравнению дробного порядка. При выполнении условия (2.3) единственное решение задачи Коши для уравнения (2.24) может быть записано в виде (i.18)

$$\bar{u}(y) = \delta_0 y^{\beta-1}E_{1/\beta}(\lambda y^\beta;\beta) + \int_0^y G(t)(y-t)^{\beta-1}E_{1/\beta}(\lambda(y-t)^\beta;\beta)dt. \quad (2.25)$$

Из (2.24) найдём

$$f(y) = \frac{1}{A} D_{0y}^{\beta} \bar{u}(y) = \frac{1}{A} \left[ G(y) + \lambda \bar{u}(y) \right], \qquad (2.26)$$

ввиду (2.22), (2.25) и (2.26) мы получаем (2.9).

Из соотношения (2.9) следует единственность $u(x, y)$. Покажем, что функция $u(x, y)$ является искомым решением. Для этого найдём

$$
AI_{0a}^{\alpha} u(x, y) = \varphi(y) AI_{0a}^{\alpha} B(x) + \left[ G(y) + \lambda \Big\{ \delta_0 y^{\beta-1} E_{1/\beta}(\lambda y^{\beta}; \beta) + \right.
$$
$$
\left. + \int\limits_{0}^{y} G(t)(y-t)^{\beta-1} E_{1/\beta}(\lambda (y-t)^{\beta}; \beta) dt \Big\} \right] I_{0a}^{\alpha} A(x). \quad (2.27)
$$

Используя формулы (i.9), (i.11) и (i.16), найдём

$$
D_{0x}^{\alpha} B(t) = a^{(1-\alpha)/2} \frac{d}{dx} D_{0x}^{\alpha-1} [t(a-t)]^{(\alpha-1)/2} =
$$
$$
= \frac{\Gamma\left(\frac{\alpha+1}{2}\right)}{\Gamma\left(\frac{3-\alpha}{2}\right)} \frac{d}{dx} x^{(1-\alpha)/2} F\left(\frac{1-\alpha}{2}, \frac{\alpha+1}{2}, \frac{3-\alpha}{2}; \frac{x}{a}\right) = \frac{\Gamma\left(\frac{\alpha+1}{2}\right)}{\Gamma\left(\frac{1-\alpha}{2}\right)} x^{(-1-\alpha)/2} \times
$$
$$
\times F\left(\frac{3-\alpha}{2}, \frac{\alpha+1}{2}, \frac{3-\alpha}{2}; \frac{x}{a}\right) = \frac{\Gamma\left(\frac{\alpha+1}{2}\right)}{\Gamma\left(\frac{1-\alpha}{2}\right)} a^{(\alpha+1)/2} [x(a-x)]^{(-1-\alpha)/2}.
$$

Принимая во внимание (i.9), (i.11) и (i.7), будем иметь

$$
D_{ax}^{\alpha} B(t) = \frac{a^{(1-\alpha)/2}}{\Gamma(1-\alpha)} \frac{d}{dx} \int\limits_{a}^{x} [t(a-t)]^{(\alpha-1)/2} (t-x)^{-\alpha} dt =
$$
$$
= -\frac{1}{\Gamma(1-\alpha)} \frac{d}{dx} (a-x)^{(1-\alpha)/2} \int\limits_{0}^{1} \rho^{\frac{\alpha-1}{2}} (1-\rho)^{-\alpha} \left(1 - \frac{a-x}{a}\rho\right)^{\frac{\alpha-1}{2}} d\rho =
$$
$$
= -\frac{\Gamma\left(\frac{\alpha+1}{2}\right)}{\Gamma\left(\frac{3-\alpha}{2}\right)} \frac{d}{dx} (a-x)^{(1-\alpha)/2} F\left(\frac{1-\alpha}{2}, \frac{\alpha+1}{2}, \frac{3-\alpha}{2}; \frac{a-x}{a}\right) =
$$
$$
= \frac{\Gamma\left(\frac{\alpha+1}{2}\right)}{\Gamma\left(\frac{1-\alpha}{2}\right)} (a-x)^{(-1-\alpha)/2} F\left(\frac{3-\alpha}{2}, \frac{\alpha+1}{2}, \frac{3-\alpha}{2}; \frac{a-x}{a}\right) =
$$
$$
= \frac{\Gamma\left(\frac{\alpha+1}{2}\right)}{\Gamma\left(\frac{1-\alpha}{2}\right)} a^{(\alpha+1)/2} [x(a-x)]^{(-1-\alpha)/2}.
$$

Значит,
$$I_{0a}^\alpha B(x) = D_{0x}^\alpha B(t) - D_{ax}^\alpha B(t) = 0. \qquad (2.28)$$

Учитывая (i.16) и равенство (i.12), найдем

$$D_{0x}^\alpha t^{(\alpha+1)/2}(a-t)^{(\alpha-1)/2} = \frac{\Gamma\left(\frac{\alpha+3}{2}\right)}{\Gamma\left(\frac{3-\alpha}{2}\right)} \left(\frac{x}{a}\right)^{(1-\alpha)/2} F\left(\frac{1-\alpha}{2}, \frac{\alpha+3}{2}, \frac{3-\alpha}{2}; \frac{x}{a}\right).$$

Тогда, используя равенство (i.1) и формулу автотрансформации (i.13), получим

$$D_{0x}^\alpha t^{(\alpha+1)/2}(a-t)^{(\alpha-1)/2} =$$
$$= \frac{\Gamma\left(\frac{\alpha-1}{2}\right)}{\Gamma\left(\frac{-1-\alpha}{2}\right)} \left(\frac{x}{a}\right)^{(1-\alpha)/2} \left(\frac{a-x}{a}\right)^{(-1-\alpha)/2} F\left(1, -\alpha, \frac{3-\alpha}{2}; \frac{x}{a}\right) \quad (2.29)$$

Применяя (i.7) и (i.12), найдем

$$D_{ax}^\alpha t^{(\alpha+1)/2}(a-t)^{(\alpha-1)/2} =$$
$$= \frac{\Gamma\left(\frac{\alpha+1}{2}\right)}{\Gamma\left(\frac{1-\alpha}{2}\right)} \left(\frac{a-x}{a}\right)^{(-1-\alpha)/2} F\left(\frac{-1-\alpha}{2}, \frac{\alpha+1}{2}, \frac{1-\alpha}{2}; \frac{a-x}{a}\right).$$

Из последнего, согласно формуле (i.14), получим

$$D_{ax}^\alpha t^{(\alpha+1)/2}(a-t)^{(\alpha-1)/2} = \frac{\Gamma\left(\frac{\alpha+1}{2}\right)\Gamma\left(\frac{1-\alpha}{2}\right)}{\Gamma(-\alpha)} +$$
$$+ \frac{\Gamma\left(\frac{\alpha-1}{2}\right)}{\Gamma\left(\frac{-1-\alpha}{2}\right)} \left(\frac{x}{a}\right)^{(1-\alpha)/2} \left(\frac{a-x}{a}\right)^{(-1-\alpha)/2} F\left(1, -\alpha, \frac{3-\alpha}{2}; \frac{x}{a}\right). (2.30)$$

Учитывая (2.29) и (2.30), можем записать

$$I_{0a}^\alpha A(x) = \frac{D_{0x}^\alpha t^{(\alpha+1)/2}(a-t)^{(\alpha-1)/2} - D_{ax}^\alpha t^{(\alpha+1)/2}(a-t)^{(\alpha-1)/2}}{2\Gamma(\alpha+1)\sin\left(\frac{\alpha\pi}{2}\right)} =$$
$$= -\frac{1}{2\Gamma(\alpha+1)\sin\left(\frac{\alpha\pi}{2}\right)} \frac{\Gamma\left(\frac{\alpha+1}{2}\right)\Gamma\left(\frac{1-\alpha}{2}\right)}{\Gamma(-\alpha)} = 1. \qquad (2.31)$$

Подставляя в (2.27) значения $I_{0a}^\alpha B(x)$, $I_{0a}^\alpha A(x)$ из (2.28) и (2.31), имеем

$$AI_{0a}^\alpha u(x,y) = G(y) +$$
$$+ \lambda\left\{\delta_0 y^{\beta-1} E_{1/\beta}(\lambda y^\beta; \beta) + \int_0^y G(t)(y-t)^{\beta-1} E_{1/\beta}(\lambda(y-t)^\beta; \beta)dt\right\}.$$

Из последнего на основании равенств (2.24) и (2.25) получим (2.1).

Умножив обе части равенства (2.9) на $x^{(1-\alpha)/2}$, будем иметь

$$x^{(1-\alpha)/2}u(x,y) = \left(\frac{a-x}{a}\right)^{(\alpha-1)/2} \varphi(y) + \frac{1}{2A\Gamma(\alpha+1)\sin\left(\frac{\alpha\pi}{2}\right)} \times$$

$$\times x(a-x)^{(\alpha-1)/2}\left[G(y) + \lambda\left\{\delta_0 y^{\beta-1}E_{1/\beta}(\lambda y^\beta;\beta) + \right.\right.$$

$$\left.\left. + \int_0^y G(t)(y-t)^{\beta-1}E_{1/\beta}(\lambda(y-t)^\beta;\beta)dt\right\}\right].$$

Переходя в последнем равенстве к пределу при $x \to 0$, приходим к (2.2).

Используя (2.25) и формулу (i.17), найдем

$$D_{0y}^{\beta-1}\bar{u}(y) = \delta_0 D_{0y}^{\beta-1}t^{\beta-1}E_{1/\beta}(\lambda t^\beta;\beta) +$$

$$+ D_{0y}^{\beta-1}\int_0^t G(\eta)(t-\eta)^{\beta-1}E_{1/\beta}(\lambda(t-\eta)^\beta;\beta)d\eta =$$

$$= \delta_0 E_{1/\beta}(\lambda y^\beta;1) + \int_0^y G(t)E_{1/\beta}(\lambda(y-t)^\beta;1)dt. \quad (2.32)$$

Переходя в (2.32) к пределу при $y \to 0$, получим (2.3).

Из соотношения (2.9) следует справедливость включения

$$y^{1-\beta}[x(a-x)]^{(1-\alpha)/2}u(x,y) \in C(\overline{\Omega}).$$

Учитывая (2.8), (2.24) и (2.25), запишем

$$D_{0y}^{\beta}\bar{u}(y) = -\frac{AB_0}{A_0}\varphi(y) + \lambda\left\{\delta_0 y^{\beta-1}E_{1/\beta}(\lambda y^\beta;\beta) - \right.$$

$$\left. -\frac{AB_0}{A_0}\int_0^y \varphi(t)(y-t)^{\beta-1}E_{1/\beta}(\lambda(y-t)^\beta;\beta)dt\right\}. \quad (2.33)$$

Соотношение (2.33) показывает, что $D_{0y}^{\beta}\bar{u}(y) \in C(0,b)$.

Используя (2.33), найдем

$$\frac{\partial}{\partial x} I_{0a}^{\alpha-1} u(x,y) = I_{0a}^{\alpha} u(x,y) = \frac{1}{A} D_{0y}^{\beta} \bar{u}(y) =$$

$$= -\frac{B_0}{A_0}\varphi(y) + \frac{1}{A_0}\left\{ \delta_0 y^{\beta-1} E_{1/\beta}(\lambda y^{\beta}; \beta) - \right.$$

$$\left. -\frac{AB_0}{A_0} \int\limits_0^y \varphi(t)(y-t)^{\beta-1} E_{1/\beta}(\lambda(y-t)^{\beta}; \beta)dt \right\}. \quad (2.34)$$

Из (2.34) имеем, что $I_{0a}^{\alpha-1} u(x,y) \in C^1(\Omega)$.

Следовательно, функция $u(x,y)$, определяемая выражением (2.9), действительно является регулярным решением уравнения (2.1) и удовлетворяет краевым условиям (2.2),(2.3). Теорема доказана.

## 2.3. Уравнение с оператором дробного дифференцирования с фиксированными началом и концом порядка меньше двух

Здесь в области $\Omega = \{(x,y): 0 < x < a,\ 0 < y < b\}$ рассмотрим уравнение

$$D_{0y}^{\beta} \bar{u}(y) = A I_{0a}^{\alpha} u(x,y)\,, \quad (2.35)$$

если $0 < \beta < 1,\ 1 < \alpha < 2,\ A = \text{const} \neq 0$.

Решение уравнения (2.35) может быть использовано при нахождении приближенного решения уравнения [54]

$$D_{0y}^{\beta} u(x,y) = A I_{0a}^{\alpha} u(x,y)\,,$$

которое при $B = A$, $\gamma = \alpha$ является частным случаем уравнения

$$D_{0y}^{\beta} u(x,y) = A D_{0x}^{\alpha} u(x,y) + B D_{ax}^{\gamma} u(x,y)\,. \quad (2.36)$$

Уравнение (2.36) является модельным уравнением диффузии [20] – [22]. В работах [20] – [22] для нахождения решения уравнения (2.36), в случае $1 < \gamma = \alpha < 2$, используются численные методы.

Сформулируем задачу для уравнения (2.35).

**Задача 2.2.** *Найти решение $u = u(x,y)$ уравнения (2.35),* $0 < \beta < 1,\ 1 < \alpha < 2,$ *в области $\Omega$, удовлетворяющее краевым условиям*

$$\lim_{x \to 0} x^{(2-\alpha)/2} u(x,y) = \varphi(y),\ 0 < y < b, \quad (2.37)$$

$$\lim_{x \to a}(a-x)^{(2-\alpha)/2}u(x,y) = \psi(y),\ 0 < y < b, \tag{2.38}$$

$$\lim_{y \to 0} D_{0y}^{\beta-1}\bar{u}(y) = \delta_0, \tag{2.39}$$

*где $\varphi(y)$, $\psi(y)$ – заданные функции, $\delta_0$ – заданная постоянная величина.*

Регулярным решением уравнения (2.35) в области $\Omega$ будем называть решение $u = u(x,y)$, такое, что $y^{1-\beta}[x(a-x)]^{(2-\alpha)/2}u(x,y) \in C(\overline{\Omega})$, $D_{0y}^{\beta}\bar{u}(y) \in C(0,b)$, $I_{0a}^{\alpha-2}u(x,y) \in C^2(\Omega)$.

Пусть

$$A_0 = \frac{a^\alpha}{2}\frac{\text{B}\left(\frac{\alpha+2}{2}, \frac{\alpha+2}{2}\right)}{\Gamma(\alpha+1)\cos\left(\frac{\alpha\pi}{2}\right)},\ \ B_0 = a^{(\alpha-2)/2}\text{B}\left(\frac{\alpha}{2}, \frac{\alpha+2}{2}\right), \tag{2.40}$$

$$\lambda = A/A_0,\ G(y) = -\frac{AB_0}{A_0}\left(\varphi(y) + \psi(y)\right). \tag{2.41}$$

Справедлива следующая

**Теорема 2.2.** *Пусть $0 < \beta < 1$, $1 < \alpha < 2$, $\varphi(y), \psi(y) \in C[0,b]$. Тогда в области $\Omega$ уравнение (2.35) имеет единственное регулярное решение, удовлетворяющее краевым условиям (2.37)–(2.39). Это решение задается формулой*

$$u(x,y) = x^{(\alpha-2)/2}\left(\frac{a-x}{a}\right)^{\alpha/2}\varphi(y) + \left(\frac{x}{a}\right)^{\alpha/2}(a-x)^{(\alpha-2)/2}\psi(y)+$$

$$+\frac{1}{2A\Gamma(\alpha+1)\cos\left(\frac{\alpha\pi}{2}\right)}[x(a-x)]^{\alpha/2}\Bigg[G(y) + \lambda\Big\{\delta_0 y^{\beta-1}E_{1/\beta}(\lambda y^\beta; \beta) +$$

$$+\int_0^y G(t)(y-t)^{\beta-1}E_{1/\beta}(\lambda(y-t)^\beta; \beta)dt\Big\}\Bigg], \tag{2.42}$$

*где $G(y)$ и $\lambda$ определяются соотношениями (2.41).*

Здесь $E_{1/\rho}(z;\mu)$ – функция типа Миттаг-Леффлера.

**Доказательство.** Обозначим

$$f(y) = \frac{1}{A}D_{0y}^{\beta}\bar{u}(y), \tag{2.43}$$

тогда из (2.35) имеем

$$I_{0a}^{\alpha}u(x,y) = f(y). \tag{2.44}$$

Известно [52, с. 60], что при фиксированном $y$ решение $u(x, y)$ уравнения (2.44) при $1 < \alpha < 2$ представимо в виде

$$u(x, y) = [x(a - x)]^{(\alpha-2)/2} B_1(y) F\left(0, 1, \frac{4 - \alpha}{2}; \frac{x}{a}\right) +$$

$$+ [x(a - x)]^{(\alpha-2)/2} B_2(y) F\left(-1, 1, \frac{2 - \alpha}{2}; \frac{x}{a}\right) + \frac{1}{2\Gamma(1 + \alpha)} f(y) x^\alpha +$$

$$+ \frac{1}{4\pi} \operatorname{tg}\left(\frac{\alpha\pi}{2}\right) f(y) D_{0x}^{2-\alpha} [t(a - t)]^{(2-\alpha)/2} v_\alpha(t), \qquad (2.45)$$

где

$$B_1(y) = -\frac{1}{2\Gamma(\alpha - 1) \cos\left(\frac{\alpha\pi}{2}\right)} C_1(y), \; B_2(y) = \frac{(2 - \alpha)a}{4\Gamma(\alpha) \cos\left(\frac{\alpha\pi}{2}\right)} C_2(y), \quad (2.46)$$

функции $C_1(y)$, $C_2(y) \in (0, b)$,

$$v_\alpha(t) = \int\limits_0^a \frac{\tau^{(\alpha+2)/2}(a - \tau)^{(\alpha-2)/2}}{\tau - t} d\tau = S_0^a\left(\frac{\alpha + 4}{2}, \frac{\alpha}{2}; t\right). \qquad (2.47)$$

Воспользовавшись представлением (2.14) сингулярного интеграла $S_0^a(\nu, \mu; x)$, из (2.47) получим

$$v_\alpha(t) = -\pi \operatorname{ctg}\left(\frac{\alpha\pi}{2}\right) t^{(\alpha+2)/2}(a - t)^{(\alpha-2)/2} +$$

$$+ \mathrm{B}\left(\frac{\alpha}{2}, \frac{\alpha + 2}{2}\right)(a - t)^{(\alpha-2)/2} a^{(\alpha+2)/2} F\left(\frac{-2 - \alpha}{2}, \frac{\alpha}{2}, \frac{-\alpha}{2}; \frac{t}{a}\right). \qquad (2.48)$$

Принимая во внимание (2.48), приходим к равенству

$$D_{0x}^{2-\alpha} [t(a - t)]^{(2-\alpha)/2} v_\alpha(t) = -\pi \operatorname{ctg}\left(\frac{\alpha\pi}{2}\right) D_{0x}^{2-\alpha} t^2 +$$

$$+ \mathrm{B}\left(\frac{\alpha}{2}, \frac{\alpha + 2}{2}\right) a^{(\alpha+2)/2} D_{0x}^{2-\alpha} t^{(2-\alpha)/2} F\left(\frac{-2 - \alpha}{2}, \frac{\alpha}{2}, \frac{-\alpha}{2}; \frac{t}{a}\right). (2.49)$$

Функция $x^{(2-\alpha)/2} F\left(\frac{-2 - \alpha}{2}, \frac{\alpha}{2}, \frac{-\alpha}{2}; \frac{x}{a}\right)$ обращается в нуль при $x = 0$, поэтому

$$D_{0x}^{2-\alpha} t^{(2-\alpha)/2} F\left(\frac{-2 - \alpha}{2}, \frac{\alpha}{2}, \frac{-\alpha}{2}; \frac{t}{a}\right) =$$

$$= D_{0x}^{1-\alpha} \frac{d}{dt} \left\{ t^2 \left[ t^{(-2-\alpha)/2} F\left(\frac{-2 - \alpha}{2}, \frac{\alpha}{2}, \frac{-\alpha}{2}; \frac{t}{a}\right) \right] \right\} =$$

$$= 2D_{0x}^{1-\alpha}t^{-\alpha/2}F\left(\frac{-2-\alpha}{2},\frac{\alpha}{2},\frac{-\alpha}{2};\frac{t}{a}\right) +$$

$$+ D_{0x}^{1-\alpha}t^2\frac{d}{dt}t^{(-2-\alpha)/2}F\left(\frac{-2-\alpha}{2},\frac{\alpha}{2},\frac{-\alpha}{2};\frac{t}{a}\right). \qquad (2.50)$$

Рассмотрим отдельно каждое из слагаемых в выражении (2.50). Используя (i.5), найдем

$$\Gamma(\alpha-1)D_{0x}^{1-\alpha}t^{-\alpha/2}F\left(\frac{-2-\alpha}{2},\frac{\alpha}{2},\frac{-\alpha}{2};\frac{t}{a}\right) =$$

$$= \sum_{k=0}^{\infty}\frac{\left(\frac{-2-\alpha}{2}\right)_k\left(\frac{\alpha}{2}\right)_k}{\left(-\frac{\alpha}{2}\right)_k k!a^k}\int_0^x t^{-\alpha/2+k}(x-t)^{\alpha-2}dt =$$

$$= x^{(\alpha-2)/2}\sum_{k=0}^{\infty}\frac{\left(\frac{-2-\alpha}{2}\right)_k\left(\frac{\alpha}{2}\right)_k}{\left(-\frac{\alpha}{2}\right)_k k!}\left(\frac{x}{a}\right)^k\int_0^1\rho^{-\alpha/2+k}(1-\rho)^{\alpha-2}d\rho =$$

$$= x^{(\alpha-2)/2}\sum_{k=0}^{\infty}\frac{\left(\frac{-2-\alpha}{2}\right)_k\left(\frac{\alpha}{2}\right)_k}{\left(-\frac{\alpha}{2}\right)_k k!}\left(\frac{x}{a}\right)^k \mathrm{B}\left(\frac{-2-\alpha}{2}+k,\alpha-1\right). \qquad (2.51)$$

Поскольку (i.4) и (i.6), то из (2.51) получаем равенство

$$D_{0x}^{1-\alpha}t^{-\alpha/2}F\left(\frac{-2-\alpha}{2},\frac{\alpha}{2},\frac{-\alpha}{2};\frac{t}{a}\right) =$$

$$= \frac{\Gamma\left(\frac{2-\alpha}{2}\right)}{\Gamma\left(\frac{\alpha}{2}\right)}x^{(\alpha-2)/2}F\left(\frac{-2-\alpha}{2},\frac{2-\alpha}{2},\frac{-\alpha}{2};\frac{x}{a}\right).$$

Отсюда на основании формулы автотрансформации (i.13) будем иметь

$$D_{0x}^{1-\alpha}t^{-\alpha/2}F\left(\frac{-2-\alpha}{2},\frac{\alpha}{2},\frac{-\alpha}{2};\frac{t}{a}\right) =$$

$$= \frac{\Gamma\left(\frac{2-\alpha}{2}\right)}{\Gamma\left(\frac{\alpha}{2}\right)}x^{(\alpha-2)/2}\left(\frac{a-x}{a}\right)^{\alpha/2}F\left(1,-1,\frac{-\alpha}{2};\frac{x}{a}\right).$$

Тогда, учитывая равенство

$$F(1,-1,c;z) = 1 - \frac{z}{c}, \qquad (2.52)$$

получим

$$D_{0x}^{1-\alpha}t^{-\alpha/2}F\left(\frac{-2-\alpha}{2},\frac{\alpha}{2},\frac{-\alpha}{2};\frac{t}{a}\right) =$$

$$= \frac{\Gamma\left(\frac{2-\alpha}{2}\right)}{\Gamma\left(\frac{\alpha}{2}\right)} x^{(\alpha-2)/2} \left(\frac{a-x}{a}\right)^{\alpha/2} \left(1 + \frac{2}{\alpha a}x\right). \qquad (2.53)$$

Теперь рассмотрим второе слагаемое правой части равенства (2.50). Согласно (i.10) и (i.11), имеем

$$\frac{d}{dt} t^{(-2-\alpha)/2} F\left(\frac{-2-\alpha}{2}, \frac{\alpha}{2}, \frac{-\alpha}{2}; \frac{t}{a}\right) =$$

$$= \frac{-2-\alpha}{2} t^{(-4-\alpha)/2} F\left(\frac{-\alpha}{2}, \frac{\alpha}{2}, \frac{-\alpha}{2}; \frac{t}{a}\right) = \frac{-2-\alpha}{2} t^{(-4-\alpha)/2} \left(\frac{a-x}{a}\right)^{-\alpha/2}.$$

Тогда, используя формулы (i.9), (i.11) и (i.16), найдем

$$D_{0x}^{1-\alpha} t^2 \frac{d}{dt} t^{(-2-\alpha)/2} F\left(\frac{-2-\alpha}{2}, \frac{\alpha}{2}, \frac{-\alpha}{2}; \frac{t}{a}\right) =$$

$$= \frac{-2-\alpha}{2} a^{\alpha/2} D_{0x}^{1-\alpha} t^{-\alpha/2} (a-t)^{-\alpha/2} =$$

$$= \frac{-2-\alpha}{2} \frac{\Gamma\left(\frac{2-\alpha}{2}\right)}{\Gamma\left(\frac{\alpha}{2}\right)} x^{(\alpha-2)/2} F\left(\frac{2-\alpha}{2}, \frac{\alpha}{2}, \frac{\alpha}{2}; \frac{x}{a}\right) =$$

$$= \frac{-2-\alpha}{2} \frac{\Gamma\left(\frac{2-\alpha}{2}\right)}{\Gamma\left(\frac{\alpha}{2}\right)} x^{(\alpha-2)/2} \left(\frac{a-x}{a}\right)^{(\alpha-2)/2}. \qquad (2.54)$$

В силу (2.53) и (2.54), из (2.50) получим

$$D_{0x}^{2-\alpha} t^{(2-\alpha)/2} F\left(\frac{-2-\alpha}{2}, \frac{\alpha}{2}, \frac{-\alpha}{2}; \frac{t}{a}\right) = \frac{\Gamma\left(\frac{2-\alpha}{2}\right)}{\Gamma\left(\frac{\alpha}{2}\right)} \times$$

$$\times x^{(\alpha-2)/2} \left(\frac{a-x}{a}\right)^{(\alpha-2)/2} \left(\frac{2(a-x)}{a} \left[1 + \frac{2}{\alpha a}x\right] - \frac{2+\alpha}{2}\right). \; (2.55)$$

Из (2.49), на основании равенств (2.55), (i.2) и (i.15), имеем

$$D_{0x}^{2-\alpha} [t(a-t)]^{(2-\alpha)/2} v_\alpha(t) = -2\pi \mathrm{ctg}\left(\frac{\alpha\pi}{2}\right) \frac{x^\alpha}{\Gamma(\alpha+1)} +$$

$$+ \frac{\alpha\pi a^2}{2\Gamma(\alpha+1)\sin\left(\frac{\alpha\pi}{2}\right)} [x(a-x)]^{(\alpha-2)/2} \left(\frac{2(a-x)}{a} \left[1 + \frac{2}{\alpha a}x\right] - \frac{2+\alpha}{2}\right).$$

Подставив это в (2.45), учитывая (2.46), (2.52) и $F(0, b, c; z) = 1$, приходим к равенству

$$u(x,y) = \frac{1}{2\cos\left(\frac{\alpha\pi}{2}\right)} \left\{ -\frac{1}{\Gamma(\alpha-1)}C_1(y) + \right.$$

$$+\frac{(2-\alpha)a}{2\Gamma(\alpha)}\left(1+\frac{2}{a(\alpha-2)}x\right)C_2(y) + \frac{\alpha a^2}{4\Gamma(\alpha+1)} \times$$

$$\left. \times \left[\frac{2(a-x)}{a}\left(1+\frac{2}{\alpha a}x\right) - \frac{2+\alpha}{2}\right]f(y)\right\}[x(a-x)]^{(\alpha-2)/2}. \quad (2.56)$$

Удовлетворяя (2.56) условиям (2.37) и (2.38), получим систему уравнений для определения функций $C_1(y)$ и $C_2(y)$

$$\begin{cases} -C_1(y) + \dfrac{a(2-\alpha)}{2(\alpha-1)}C_2(y) = \dfrac{1}{k}\varphi(y) - \dfrac{a^2(2-\alpha)}{8(\alpha-1)}f(y), \\[3mm] -C_1(y) - \dfrac{a\alpha}{2(\alpha-1)}C_2(y) = \dfrac{1}{k}\psi(y) + \dfrac{a^2(2+\alpha)}{8(\alpha-1)}f(y), \end{cases} \quad (2.57)$$

где $k = \dfrac{a^{(\alpha-2)/2}}{2\Gamma(\alpha-1)\cos\left(\frac{\alpha\pi}{2}\right)}$.

Вычтем из первого уравнения системы (2.57) второе уравнение, найдем

$$C_2(y) = \frac{\alpha-1}{ka}\left[\varphi(y) - \psi(y) - \frac{ka^2}{2(\alpha-1)}f(y)\right]. \quad (2.58)$$

Подставив (2.58) в первое уравнение системы (2.57), будем иметь

$$C_1(y) = -\frac{1}{2k}\left[\alpha\,\varphi(y) + (2-\alpha)\psi(y) + \frac{ka^2(2-\alpha)}{4(\alpha-1)}f(y)\right]. \quad (2.59)$$

Учитывая (2.58) и (2.59), равенство (2.56) примет вид

$$u(x,y) = x^{(\alpha-2)/2}\left(\frac{a-x}{a}\right)^{\alpha/2}\varphi(y) + \left(\frac{x}{a}\right)^{\alpha/2}(a-x)^{(\alpha-2)/2}\psi(y) +$$

$$+ \frac{1}{2\Gamma(\alpha+1)\cos\left(\frac{\alpha\pi}{2}\right)}[x(a-x)]^{\alpha/2}f(y). \quad (2.60)$$

Усредняя обе части равенства (2.60) по переменной $x$, в соответствии с (2.40) и (2.43), получим относительно $\bar{u}(y)$ уравнение

$$\bar{u}(y) = B_0\left[\varphi(y) + \psi(y)\right] + \frac{A_0}{A}D_{0y}^{\beta}\bar{u}(y). \quad (2.61)$$

Так как $A_0 \neq 0$, учитывая (2.41), из (2.61) найдём

$$D_{0y}^{\beta}\bar{u}(y) - \lambda\bar{u}(y) = G(y). \qquad (2.62)$$

Тем самым задача сведена к обыкновенному дифференциальному уравнению дробного порядка. При выполнении условия (2.39) единственное решение задачи Коши для уравнения (2.62) может быть записано в виде (i.18)

$$\bar{u}(y) = \delta_0 y^{\beta-1} E_{1/\beta}(\lambda y^{\beta}; \beta) + \int_0^y G(t)(y-t)^{\beta-1} E_{1/\beta}(\lambda(y-t)^{\beta}; \beta)dt. \quad (2.63)$$

Из (2.62) имеем

$$f(y) = \frac{1}{A} D_{0y}^{\beta}\bar{u}(y) = \frac{1}{A}\left[G(y) + \lambda\bar{u}(y)\right], \qquad (2.64)$$

ввиду (2.60), (2.63) и (2.64) мы получаем (2.42).

Из соотношения (2.42) следует единственность $u(x,y)$. Непосредственным вычислением можно проверить, что любая функция $u(x,y)$, представимая в виде (2.42), является решением уравнения (2.35).

Умножив обе части равенства (2.42) на $x^{(2-\alpha)/2}$, переходя к пределу при $x \to 0$, получим (2.37). Умножив обе части соотношения (2.42) на $(a-x)^{(2-\alpha)/2}$, переходя к пределу при $x \to a$, приходим к (2.38).

Используя (2.63) и формулу (i.17), найдём

$$D_{0y}^{\beta-1}\bar{u}(y) = \delta_0 D_{0y}^{\beta-1} t^{\beta-1} E_{1/\beta}(\lambda t^{\beta}; \beta) +$$

$$+ D_{0y}^{\beta-1}\int_0^t G(\eta)(t-\eta)^{\beta-1} E_{1/\beta}(\lambda(t-\eta)^{\beta}; \beta)d\eta =$$

$$= \delta_0 E_{1/\beta}(\lambda y^{\beta}; 1) + \int_0^y G(t) E_{1/\beta}(\lambda(y-t)^{\beta}; 1)dt. \quad (2.65)$$

Переходя в (2.65) к пределу при $y \to 0$, получим (2.39).

Из соотношения (2.42) следует справедливость включения

$$y^{1-\beta}[x(a-x)]^{(2-\alpha)/2}u(x,y) \in C(\overline{\Omega}).$$

Учитывая (2.41), (2.62) и (2.63), запишем

$$D_{0y}^{\beta}\bar{u}(y) = -\frac{AB_0}{A_0}[\varphi(y) + \psi(y)] + \lambda\left\{\delta_0 y^{\beta-1} E_{1/\beta}(\lambda y^{\beta}; \beta) - \right.$$

$$-\frac{AB_0}{A_0}\int_0^y [\varphi(t)+\psi(t)](y-t)^{\beta-1}E_{1/\beta}(\lambda(y-t)^\beta;\beta)dt \bigg\}. \qquad (2.66)$$

Соотношение (2.66) показывает, что $D_{0y}^\beta \bar{u}(y) \in C(0,b)$.

Используя (2.66), найдем

$$\frac{\partial^2}{\partial x^2}I_{0a}^{\alpha-2}u(x,y) = I_{0a}^\alpha u(x,y) = \frac{1}{A}D_{0y}^\beta \bar{u}(y) = -\frac{B_0}{A_0}[\varphi(y)+\psi(y)]+$$

$$+\frac{1}{A_0}\bigg\{\delta_0 y^{\beta-1}E_{1/\beta}(\lambda y^\beta;\beta)-$$

$$-\frac{AB_0}{A_0}\int_0^y [\varphi(t)+\psi(t)](y-t)^{\beta-1}E_{1/\beta}(\lambda(y-t)^\beta;\beta)dt\bigg\}. \qquad (2.67)$$

Из (2.67) имеем, что $I_{0a}^{\alpha-2}u(x,y) \in C^2(\Omega)$.

Следовательно, функция $u(x,y)$, определяемая выражением (2.42), действительно является регулярным решением уравнения (2.35) и удовлетворяет краевым условиям (2.37)–(2.39). Теорема доказана.

## 2.4. Уравнение произвольного порядка

Теперь в области $\Omega = \{(x,y): 0 < x < a,\, 0 < y < b\}$ рассмотрим уравнение

$$D_{0y}^\beta \bar{u}(y) = AI_{0a}^\alpha u(x,y)\,, \qquad (2.68)$$

если $A = \text{const} \neq 0,\, 1 < \alpha < 2,\, m-1 < \beta \leq m,\, m = 1,2,\dots$

Сформулируем следующую задачу.

**Задача 2.3.** *Найти решение $u = u(x,y)$ уравнения (2.68), $1 < \alpha < 2,\, m-1 < \beta \leq m,\, m = 1,2,\dots$, в области $\Omega$, удовлетворяющее краевым условиям (2.37), (2.38) и*

$$\lim_{y\to 0}D_{0y}^{\beta-k}\bar{u}(y) = \delta_k,\, k = \overline{1,m}, \qquad (2.69)$$

*где $\varphi(y)$, $\psi(y)$ – заданные функции, $\delta_k$, $k = \overline{1,m}$, – заданные постоянные величины.*

*Регулярным решением уравнения (2.68) в области $\Omega$ будем называть решение $u = u(x,y)$, такое, что $y^{m-\beta}[x(a-x)]^{(2-\alpha)/2}u(x,y) \in C(\overline{\Omega})$, $m =$*

$= 1, 2, \ldots,$ $D_{0y}^{\beta}\bar{u}(y) \in C(0, b),$ $D_{0y}^{\beta-k}\bar{u}(y) \in C[0, b],$ $k = \overline{1, m},$ $I_{0a}^{\alpha-2}u(x, y) \in$ $\in C^2(\Omega).$

Справедлива

**Теорема 2.3.** *Пусть* $1 < \alpha < 2,$ $m - 1 < \beta \leq m,$ $m = 1, 2, \ldots,$ $\varphi(y), \psi(y) \in C[0, b].$ *Тогда в области* $\Omega$ *уравнение (2.68) имеет единственное регулярное решение, удовлетворяющее краевым условиям(2.37), (2.38), (2.69). Это решение задается формулой*

$$u(x, y) = x^{(\alpha-2)/2}\left(\frac{a-x}{a}\right)^{\alpha/2}\varphi(y) + \left(\frac{x}{a}\right)^{\alpha/2}(a-x)^{(\alpha-2)/2}\psi(y) +$$

$$+ \frac{1}{2A\Gamma(\alpha+1)\cos\left(\frac{\alpha\pi}{2}\right)}[x(a-x)]^{\alpha/2} \times$$

$$\times\left[G(y) + \lambda\left\{\sum_{k=1}^{m}\delta_k y^{\beta-k}E_{1/\beta}(\lambda y^{\beta}; \beta - k + 1) +\right.\right.$$

$$\left.\left. + \int_0^y G(t)(y-t)^{\beta-1}E_{1/\beta}(\lambda(y-t)^{\beta}; \beta)dt\right\}\right], \tag{2.70}$$

*где* $G(y)$ *и* $\lambda$ *определяются соотношениями (2.41).*

Здесь $E_{1/\rho}(z; \mu)$ – функция типа Миттаг-Леффлера.

**Доказательство.** Как было показано при доказательстве теоремы 2.2, решение $u(x, y)$ уравнения (2.68) при $1 < \alpha < 2,$ удовлетворяющее условиям (2.37), (2.38), также является решением уравнения (2.60)

$$u(x, y) = x^{(\alpha-2)/2}\left(\frac{a-x}{a}\right)^{\alpha/2}\varphi(y) + \left(\frac{x}{a}\right)^{\alpha/2}(a-x)^{(\alpha-2)/2}\psi(y) +$$

$$+ \frac{1}{2A\Gamma(\alpha+1)\cos\left(\frac{\alpha\pi}{2}\right)}[x(a-x)]^{\alpha/2}D_{0y}^{\beta}\bar{u}(y). \tag{2.71}$$

Усредняя обе части равенства (2.71) по переменной $x,$ в соответствии с (2.41), получим обыкновенное дифференциальное уравнение дробного порядка относительно $\bar{u}(y)$

$$D_{0y}^{\beta}\bar{u}(y) - \lambda\bar{u}(y) = G(y),\ m - 1 < \beta \leq m,\ m = 1, 2, \ldots, \tag{2.72}$$

решение задачи Коши (2.69) для которого имеет вид (i.18)

$$\bar{u}(y) = \sum_{k=1}^{m}\delta_k y^{\beta-k}E_{1/\beta}(\lambda y^{\beta}; \beta - k + 1) +$$

$$+ \int\limits_0^y G(t)(y-t)^{\beta-1} E_{1/\beta}(\lambda(y-t)^\beta; \beta)dt. \qquad (2.73)$$

Из (2.72) получим

$$D_{0y}^\beta \bar{u}(y) = G(y) + \lambda\bar{u}(y). \qquad (2.74)$$

Учитывая (2.71), (2.73), (2.74), приходим к (2.70).

Из соотношения (2.70) следует единственность $u(x,y)$. Прямым вычислением можно показать, что функция $u(x,y)$, представимая в виде (2.70), является решением уравнения (2.68), удовлетворяет краевым условиям (2.37), (2.38), (2.69), и принадлежит требуемому классу.

### 2.5. Уравнение с производной Капуто

В области $\Omega = \{(x,y) : 0 < x < a,\ 0 < y < b\}$ рассмотрим уравнение с производной Капуто

$$\partial_{0y}^\beta \bar{u}(y) = A I_{0a}^\alpha u(x,y)\,, \qquad (2.75)$$

где $1 < \alpha < 2$, $m-1 < \beta \le m$, $m = 1, 2, \ldots$

Сформулируем следующую краевую задачу.

**Задача 2.4.** *Найти решение* $u = u(x,y)$ *уравнения (2.75)*, $1 < \alpha < 2$, $m-1 < \beta \le m$, $m = 1, 2, \ldots$, *в области* $\Omega$, *удовлетворяющее краевым условиям (2.37), (2.38) и*

$$\bar{u}^{(m-k)}(0) = \delta_k,\ k = \overline{1, m}, \qquad (2.76)$$

*где* $\varphi(y)$, $\psi(y)$ *– заданные функции*, $\delta_k$, $k = \overline{1, m}$, *– заданные постоянные величины.*

*Регулярным решением уравнения (2.75) в области* $\Omega$ *будем называть решение* $u = u(x,y)$, *такое, что* $[x(a-x)]^{(2-\alpha)/2} u(x,y) \in C(\overline{\Omega})$, $\partial_{0y}^\beta \bar{u}(y) \in C(0,b)$, $\bar{u}(y) \in C^{m-1}[0,b]$, $m = 1, 2, \ldots$, $I_{0a}^{\alpha-2} u(x,y) \in C^2(\Omega)$.

Имеет место

**Теорема 2.4.** *Пусть* $1 < \alpha < 2$, $m-1 < \beta \le m$, $m = 1, 2, \ldots$, $\varphi(y), \psi(y) \in C[0,b]$. *Тогда в области* $\Omega$ *уравнение (2.75) имеет единственное регулярное решение, удовлетворяющее краевым условиям (2.37), (2.38), (2.76). Это решение задается формулой*

$$u(x,y) = x^{(\alpha-2)/2}\left(\frac{a-x}{a}\right)^{\alpha/2}\varphi(y) + \left(\frac{x}{a}\right)^{\alpha/2}(a-x)^{(\alpha-2)/2}\psi(y)+$$

$$+ \frac{1}{2A\Gamma(\alpha+1)\cos\left(\frac{\alpha\pi}{2}\right)}[x(a-x)]^{\alpha/2} \times$$

$$\times \left[ G(y) + \lambda \Big\{ \sum_{k=1}^{m} \delta_k y^{m-k} E_{1/\beta}(\lambda y^{\beta}; m-k+1) + \right.$$

$$\left. + \int_{0}^{y} G(t)(y-t)^{\beta-1} E_{1/\beta}(\lambda(y-t)^{\beta}; \beta)dt \Big\} \right], \qquad (2.77)$$

*где $G(y)$ и $\lambda$ определяются соотношениями (2.41).*

**Доказательство.** Известно (см. доказательство теоремы 2.2), что, если функция $u(x,y)$ – решение задачи (2.37), (2.38), (2.75), то $u(x,y)$ удовлетворяет уравнению

$$u(x,y) = x^{(\alpha-2)/2}\left(\frac{a-x}{a}\right)^{\alpha/2}\varphi(y) + \left(\frac{x}{a}\right)^{\alpha/2}(a-x)^{(\alpha-2)/2}\psi(y) +$$

$$+ \frac{1}{2A\Gamma(\alpha+1)\cos\left(\frac{\alpha\pi}{2}\right)}[x(a-x)]^{\alpha/2}\partial_{0y}^{\beta}\bar{u}(y). \qquad (2.78)$$

Усредняя обе части равенства (2.78) по переменной $x$, в соответствии с (2.41), получим обыкновенное дифференциальное уравнение с производной Капуто относительно $\bar{u}(y)$

$$\partial_{0y}^{\beta}\bar{u}(y) - \lambda\bar{u}(y) = G(y), m-1 < \beta \leq m, \ m = 1, 2, \ldots. \qquad (2.79)$$

При выполнении условий (2.76) единственное решение задачи Коши для уравнения (2.79) имеет вид (i.19)

$$\bar{u}(y) = \sum_{k=1}^{m} \delta_k y^{m-k} E_{1/\beta}(\lambda y^{\beta}; m-k+1) +$$

$$+ \int_{0}^{y} G(t)(y-t)^{\beta-1} E_{1/\beta}(\lambda(y-t)^{\beta}; \beta)dt. \qquad (2.80)$$

Из (2.79) получим

$$\partial_{0y}^{\beta}\bar{u}(y) = G(y) + \lambda\bar{u}(y). \qquad (2.81)$$

Согласно (2.78), учитывая (2.80) и (2.81), приходим к (2.77).

Любая функция $u(x,y)$, представимая в виде (2.77), является решением уравнения (2.75), в этом можно убедиться непосредственным вычислением. Из (2.77) следует единственность решения $u(x,y)$ задачи 2.4. Решение (2.77) удовлетворяет краевым условиям (2.37), (2.38), (2.76) и принадлежит требуемому классу. Теорема доказана.

# Часть 3

## Теоремы единственности для уравнений дробного порядка

### 3.1. Единственность решения уравнения с частными производными дробного порядка с различными началами в главной части

Рассмотрим более общий случай уравнения (1.1)

$$(D_{0x}^{\alpha} + BD_{ax}^{\gamma})u(x,y) + (AD_{0y}^{\beta} + CD_{by}^{\delta})u(x,y) +$$

$$\left(\sum_{j=1}^{n} a_j D_{0x}^{\alpha_j} + \sum_{i=1}^{m} b_i D_{0y}^{\beta_i}\right) u(x,y) = f(x,y) , \qquad (3.1)$$

где $\alpha, \beta, \gamma, \delta, \alpha_j, j = \overline{1,n}$, $\beta_i, i = \overline{1,m}$ – действительные числа; $A, B, C, a_j$, $j = \overline{1,n}$, $b_i, i = \overline{1,m}$, – постоянные величины; $D_{ct}^{\mu}$ – оператор дробного интегродифференцирования (в смысле Римана-Лиувилля) порядка $|\mu|$ с началом в точке $c$ и концом в точке $t$.

Для уравнения (3.1) сформулируем следующую краевую задачу.

**Задача 3.1.** *Найти решение $u = u(x,y)$ уравнения (3.1),* $0 < \alpha, \beta < 1, -1 < \alpha_j < \alpha, j = \overline{1,n}, -1 < \beta_i < \beta, i = \overline{1,m}, |\gamma| < 1, |\delta| < 1,$ *в области $\Omega$ такое, что $x^{1-\alpha}y^{1-\beta}u(x,y) \in C(\overline{\Omega})$ и $u(x,y)$ удовлетворяет краевым условиям (1.2), (1.3).*

**Теорема 3.1.** *Пусть $0 < \alpha, \beta < 1, \ -1 < \alpha_j < \alpha, \ j = \overline{1,n}$, $-1 < \beta_i < \beta, i = \overline{1,m}, |\gamma| < 1, \ |\delta| < 1; A > 0, B \geq 0, \ C \geq 0, \ a_j \geq 0,$ $j = \overline{1,n}, \ b_i \geq 0, \ i = \overline{1,m}$, тогда существует не более одного решения $u = u(x,y)$ задачи (3.1), (1.2), (1.3), такого, что $x^{1-\alpha}y^{1-\beta}u(x,y) \in C(\overline{\Omega})$.*

**Доказательство.** Допустим противное, то есть, что уравнение (3.1) имеет два различных решения $u_1(x,y)$ и $u_2(x,y)$, удовлетворяющих условиям (1.2), (1.3). Тогда функция $u(x,y) = u_1(x,y) - u_2(x,y) \not\equiv 0$ является решением однородного уравнения

$$(D_{0x}^{\alpha} + BD_{ax}^{\gamma})u(x,y) + (AD_{0y}^{\beta} + CD_{by}^{\delta})u(x,y) +$$
$$\left( \sum_{j=1}^{n} a_j D_{0x}^{\alpha_j} + \sum_{i=1}^{m} b_i D_{0y}^{\beta_i} \right) u(x,y) = 0 \, , \tag{3.2}$$

таким, что

$$\lim_{y \to 0} D_{0y}^{\beta-1} u(x,y) = 0 \, , \ \lim_{x \to 0} D_{0x}^{\alpha-1} u(x,y) = 0 \, . \tag{3.3}$$

Умножая обе части уравнения (3.2) на $u(x,y)$ и интегрируя по области $\Omega$, получим

$$\int\limits_{\Omega} (u D_{0x}^{\alpha} u + B u D_{ax}^{\gamma} u + A u D_{0y}^{\beta} u +$$

$$+ C u D_{by}^{\delta} u + \sum_{j=1}^{n} a_j u D_{0x}^{\alpha_j} u + \sum_{i=1}^{m} b_i u D_{0y}^{\beta_i} u) d\Omega = 0$$

или

$$\int\limits_{0}^{b} dy \int\limits_{0}^{a} u D_{0x}^{\alpha} u dx + B \int\limits_{0}^{b} dy \int\limits_{0}^{a} u D_{ax}^{\gamma} u dx + A \int\limits_{0}^{a} dx \int\limits_{0}^{b} u D_{0y}^{\beta} u dy +$$

$$+ C \int\limits_{0}^{a} dx \int\limits_{0}^{b} u D_{by}^{\delta} u dy + \sum_{j=1}^{n} a_j \int\limits_{0}^{b} dy \int\limits_{0}^{a} u D_{0x}^{\alpha_j} u dx +$$

$$+ \sum_{i=1}^{m} b_i \int\limits_{0}^{a} dx \int\limits_{0}^{b} u D_{0y}^{\beta_i} u dy = 0 \, . \tag{3.4}$$

Используя (i.20), (3.4) можно записать в виде

$$\int\limits_{0}^{b} (u, D_{0x}^{\alpha} u)_{[0,a]} dy + B \int\limits_{0}^{b} (u, D_{ax}^{\gamma} u)_{[0,a]} dy + A \int\limits_{0}^{a} (u, D_{0y}^{\beta} u)_{[0,b]} dx +$$

$$+ C \int\limits_0^a (u, D_{by}^{\delta}u)_{[0,b]}dx + \sum_{j=1}^n a_j \int\limits_0^b (u, D_{0x}^{\alpha_j}u)_{[0,a]}dy +$$

$$+ \sum_{i=1}^m b_i \int\limits_0^a (u, D_{0y}^{\beta_i}u)_{[0,b]}dx = 0 \,. \qquad (3.5)$$

В предположении, что $u \not\equiv 0$, учитывая (i.22) и (3.3), получим

$$(u, D_{0x}^{\alpha}u)_{[0,a]} > 0, \ (u, D_{0y}^{\beta}u)_{[0,b]} > 0. \qquad (3.6)$$

Также, принимая во внимание (i.21), при $-1 < \gamma \le 0$, $-1 < \delta \le 0$ и $-1 < \alpha_j \le 0, j = \overline{1,n}$, $-1 < \beta_i \le 0$, $i = \overline{1,m}$, имеем

$$(u, D_{ax}^{\gamma}u)_{[0,a]} > 0, \ (u, D_{by}^{\delta}u)_{[0,b]} > 0,$$

$$(u, D_{0x}^{\alpha_j}u)_{[0,a]} > 0, \ j = \overline{1,n}, \quad (u, D_{0y}^{\beta_i}u)_{[0,b]} > 0, \ i = \overline{1,m}. \qquad (3.7)$$

Так как $x^{1-\alpha}y^{1-\beta}u\,(x,y) \in C(\overline{\Omega})$, то при $0 < \alpha_j < \alpha$

$$\lim_{x \to 0} D_{0x}^{\alpha_j-1}u(x,y) = 0 \,. \qquad (3.8)$$

В самом деле, пусть $u^*(x,y) = x^{1-\alpha}y^{1-\beta}u\,(x,y) \in C(\overline{\Omega})$, тогда

$$D_{0x}^{\alpha_j-1}u(x,y) = D_{0x}^{\alpha_j-1}x^{\alpha-1}y^{\beta-1}u^*(x,y) = \frac{y^{\beta-1}}{\Gamma(1-\alpha_j)}\int\limits_0^x \frac{t^{\alpha-1}u^*(t,y)dt}{(x-t)^{\alpha_j}} =$$

$$= \frac{y^{\beta-1}x^{\alpha-\alpha_j}}{\Gamma(1-\alpha_j)}\int\limits_0^1 \frac{\xi^{\alpha-1}u^*(x\xi,y)d\xi}{(1-\xi)^{\alpha_j}} =$$

$$= \frac{y^{\beta-1}x^{\alpha-\alpha_j}}{\Gamma(1-\alpha_j)}u^*(x\xi^*,y)\int\limits_0^1 \xi^{\alpha-1}(1-\xi)^{-\alpha_j}d\xi =$$

$$= \frac{B(\alpha, 1-\alpha_j)}{\Gamma(1-\alpha_j)}y^{\beta-1}x^{\alpha-\alpha_j}u^*(x\xi^*,y) = \frac{\Gamma(\alpha)}{\Gamma(1+\alpha-\alpha_j)}y^{\beta-1}x^{\alpha-\alpha_j}u^*(x\xi^*,y).$$

При фиксированном $y > 0$, переходя к пределу при $x \to 0$, получим (3.8).

Аналогично, имеем

$$\lim_{y \to 0} D_{0y}^{\beta_i-1}u(x,y) = 0 \,, 0 < \beta_i < \beta \,, \ i = \overline{1,m} \,. \qquad (3.9)$$

Если $0 < \gamma < 1$ и $v^*(x) = x^{1-\alpha}v(x) \in C[0,a]$, то

$$D_{aa}^{\gamma-1}v(x) = \lim_{x \to a} D_{ax}^{\gamma-1}v(x) = -\frac{1}{\Gamma(1-\gamma)} \lim_{x \to a} \int_a^x \frac{v(t)dt}{(t-x)^\gamma} =$$

$$= -\frac{1}{\Gamma(1-\gamma)} \lim_{x \to a} \int_a^x \frac{t^{\alpha-1}v^*(t)dt}{(t-x)^\gamma} = -\frac{v^*(t^*)}{\Gamma(1-\gamma)} \lim_{x \to a} \int_a^x t^{\alpha-1}(t-x)^{-\gamma}dt =$$

$$= \frac{v^*(t^*)}{\Gamma(1-\gamma)} \lim_{x \to a} a^{\alpha-1}(a-x)^{1-\gamma} \int_0^1 (1-\rho)^{-\gamma} \left(1 - \frac{a-x}{a}\rho\right)^{\alpha-1} d\rho =$$

$$= \frac{v^*(t^*)}{\Gamma(1-\gamma)a^{1-\alpha}} \int_0^1 (1-\rho)^{-\gamma}d\rho \lim_{x \to a}(a-x)^{1-\gamma} = 0.$$

Тем самым убеждаемся в достоверности равенства

$$\lim_{x \to a} D_{ax}^{\gamma-1}u(x,y) = 0, \ 0 < \gamma < 1 \ . \tag{3.10}$$

Аналогично можно показать, что

$$\lim_{y \to b} D_{by}^{\delta-1}u(x,y) = 0, \ 0 < \delta < 1 \ . \tag{3.11}$$

В силу (3.8) – (3.11) получаем, что и при $0 < \alpha_j < \alpha$, $j = \overline{1,n}$, $0 < \beta_i < \beta$, $i = \overline{1,m}$, $0 < \gamma < 1$, $0 < \delta < 1$ неравенства (3.7) верны .

С учетом (3.6) и (3.7), при $A > 0$, $B \geq 0$, $C \geq 0$, $a_j \geq 0$, $j = \overline{1,n}$, $b_i \geq 0$, $i = \overline{1,m}$, левая часть равенства (3.5) положительна. И мы имеем противоречие, доказывающее, что однородное уравнение (3.2) имеет только тривиальное решение. Следовательно, задача (3.1), (1.2), (1.3) имеет не более одного решения. Теорема доказана.

Заметим, что в силу (i.23) теорема 3.1 справедлива, если $A = A(x,y)$, $a_j = a_j(x,y)$, $j = \overline{1,n}$, $b_i = b_i(x,y)$, $i = \overline{1,m}$, и функция $A(x,y)$ непрерывна, положительна и при фиксированном $x$ является невозрастающей на сегменте $[0,b]$ как функция переменной $y$, функции $b_i(x,y)$, $i = \overline{1,m}$, непрерывны, неотрицательны и при фиксированном $x$ являются невозрастающими на сегменте $[0,b]$ как функции переменной $y$, а функции $a_j(x,y)$, $j = \overline{1,n}$, непрерывны, неотрицательны и при фиксированном $y$ являются невозрастающими на $[0,a]$ как функции переменной $x$.

## 3.2. Задача для уравнения с отрицательными коэффициентами

Исследуем уравнение с операторами интегродифференцирования Римана – Лиувилля с различными началами, когда коэффициенты при дробной производной и дробном интеграле по переменной $y$ являются отрицательными.

Для уравнения

$$u_x(x,y) - AD_{0y}^{\beta}u(x,y) - CD_{by}^{\delta}u(x,y) = f(x,y)\,, A > 0,\ C > 0, \quad (3.12)$$

рассмотрим следующую краевую задачу.

**Задача 3.2.** *Найти регулярное решение $u = u(x,y)$ уравнения (3.12), $0 < \beta < 1,\ \delta \leq 0,$ в области $\Omega,$ удовлетворяющее краевым условиям*

$$\lim_{y\to 0} D_{0y}^{\beta-1}u(x,y) = \psi(x)\,,\ \left(\Gamma(\beta)\lim_{y\to 0}y^{1-\beta}u(x,y) = \psi(x)\right),\ 0 < x < a\,,$$
$$(3.13)$$
$$u(a,y) = \varphi(y)\,,\ 0 < y < b\,, \quad (3.14)$$

*где $\varphi(y)\,,\ \psi(x)$ – заданные функции.*

**Теорема 3.2.** *Пусть $0 < \beta < 1, \delta \leq 0, A > 0, C > 0, \psi(x) \in C\,[0,a]\,,$ $y^{1-\beta}\varphi(y) \in C\,[0,b],\ y^{1-\beta}f(x,y) \in C(\overline{\Omega}),\ f(x,y)$ удовлетворяет условию Гельдера по переменной $y,$ и выполнено условие согласования*

$$\lim_{y\to 0} D_{0y}^{\beta-1}\varphi(y) = \psi(a)\ \left(\Gamma(\beta)\lim_{y\to 0}y^{1-\beta}\varphi(y) = \psi(a)\right), \quad (3.15)$$

*тогда в области $\Omega$ существует единственное регулярное решение уравнения (3.12), удовлетворяющее краевым условиям (3.13) и (3.14).*

**Доказательство.** В силу [68, с. 53] ([73, с. 56–57]) при $A > 0$ получаем, что решение уравнения (3.12), удовлетворяющее краевым условиям (3.13), (3.14), является также решением уравнения

$$u(x,y) = f_1(x,y) - C\int\limits_x^a\int\limits_0^y \frac{D_{bt}^{\delta}u(\xi,t)}{y-t}e_{1,\beta}^{1,0}\left(-A\frac{\xi-x}{(y-t)^{\beta}}\right)dtd\xi\,, \quad (3.16)$$

45

где

$$f_1(x,y) = \int\limits_0^y \frac{\varphi(t)}{y-t} e_{1,\beta}^{1,0}\left(-A\frac{a-x}{(y-t)^\beta}\right) dt +$$

$$+A\int\limits_x^a \frac{\psi(\xi)}{y} e_{1,\beta}^{1,0}\left(-A\frac{\xi-x}{y^\beta}\right) d\xi - \int\limits_x^a \int\limits_0^y \frac{f(\xi,t)}{y-t} e_{1,\beta}^{1,0}\left(-A\frac{\xi-x}{(y-t)^\beta}\right) dt d\xi .$$

Если $\delta < 0$, то по определению $D_{bt}^\delta u(\xi,t) = \dfrac{1}{\Gamma(-\delta)} \int\limits_t^b \dfrac{u(\xi,\eta)d\eta}{(\eta-t)^{\delta+1}}$, тогда (3.16) примет вид

$$u(x,y) =$$

$$= f_1(x,y) - \frac{C}{\Gamma(-\delta)} \int\limits_x^a \int\limits_0^y \frac{1}{y-t} e_{1,\beta}^{1,0}\left(-A\frac{\xi-x}{(y-t)^\beta}\right) \left[\int\limits_t^b \frac{u(\xi,\eta)d\eta}{(\eta-t)^{\delta+1}}\right] dt d\xi .$$

Меняя порядок интегрирования, получим

$$u(x,y) = f_2(x,y) -$$

$$-\frac{C}{\Gamma(-\delta)} \int\limits_x^a \int\limits_0^y \left[\int\limits_0^\eta \frac{1}{(y-t)(\eta-t)^{\delta+1}} e_{1,\beta}^{1,0}\left(-A\frac{\xi-x}{(y-t)^\beta}\right) dt\right] u(\xi,\eta)d\eta d\xi-$$

$$-\frac{C}{\Gamma(-\delta)} \int\limits_x^a \int\limits_y^b \left[\int\limits_0^y \frac{1}{(y-t)(\eta-t)^{\delta+1}} e_{1,\beta}^{1,0}\left(-A\frac{\xi-x}{(y-t)^\beta}\right) dt\right] u(\xi,\eta)d\eta d\xi$$

или

$$u(x,y) = f_1(x,y) - \frac{C}{\Gamma(-\delta)} \int\limits_x^a \int\limits_0^b K(x,y;\xi,\eta)u(\xi,\eta)d\eta d\xi, \qquad (3.17)$$

где

$$K(x,y;\xi,\eta) = \begin{cases} \int\limits_0^\eta \frac{1}{(y-t)(\eta-t)^{\delta+1}} e_{1,\beta}^{1,0}\left(-A\frac{\xi-x}{(y-t)^\beta}\right) dt, \ 0 < \eta < y; \\ \int\limits_0^y \frac{1}{(y-t)(\eta-t)^{\delta+1}} e_{1,\beta}^{1,0}\left(-A\frac{\xi-x}{(y-t)^\beta}\right) dt, \ y < \eta < b. \end{cases}$$

46

Уравнение (3.17) является интегральным уравнением Фредгольма второго рода. Тем самым вопрос о разрешимости задачи (3.12)–(3.14) сведен к вопросу о разрешимости интегрального уравнения (3.17).

Докажем, что задача (3.12)–(3.14) имеет единственное решение. Допустим противное, то есть, что уравнение (3.12) имеет два различных решения $u_1(x, y)$ и $u_2(x, y)$, удовлетворяющих условиям (3.13), (3.14). Тогда функция $u(x, y) = u_1(x, y) - u_2(x, y) \neq 0$ является решением соответствующего однородного уравнения

$$u_x(x, y) - AD_{0y}^{\beta}u(x, y) - CD_{by}^{\delta}u(x, y) = 0, \qquad (3.18)$$

таким, что

$$u(a, y) = 0 \ , \ \lim_{y \to 0} D_{0y}^{\beta-1}u(x, y) = 0 \ . \qquad (3.19)$$

Запишем уравнение (3.18) в виде

$$u_x(x, y) = AD_{0y}^{\beta}u(x, y) + CD_{by}^{\delta}u(x, y). \qquad (3.20)$$

Умножая обе части уравнения (3.20) на $u(x, y)$ и интегрируя по области $\Omega$, получим

$$\int\limits_0^b dy \int\limits_0^a uu_x dx = A \int\limits_0^a dx \int\limits_0^b uD_{0y}^{\beta}u\, dy + C \int\limits_0^a dx \int\limits_0^b uD_{by}^{\delta}u\, dy. \qquad (3.21)$$

Первое из условий (3.19) позволяет записать

$$\int\limits_0^a uu_x dx = \frac{1}{2}\int\limits_0^a du^2(x, y) = -\frac{1}{2}u^2(0, y).$$

Тогда, используя (i.20), из (3.21) имеем

$$-\frac{1}{2}\int\limits_0^b u^2(0, y)dy = A\int\limits_0^a (u, D_{0y}^{\beta}u)_{[0,b]}dx + C\int\limits_0^a (u, D_{by}^{\delta}u)_{[0,b]}dx. \qquad (3.22)$$

Так как $u(x, y) \neq 0$, то левая часть равенства (3.22) отрицательна, а правая положительна при $A > 0$, $C > 0$, в силу свойств положительности операторов дробного интегрирования и дифференцирования (i.21), (i.22) при выполнении второго условия из (3.19). Мы имеем противоречие, доказывающее, что $u(x, y) \equiv 0$. Следовательно, задача (3.12)–(3.14) имеет единственное решение. Теорема доказана.

# Заключение

В монографии рассмотрены краевые задачи для дифференциальных уравнений порядка меньше либо равного единице и уравнений с оператором дробного дифференцирования с фиксированными началом и концом:

– доказано существование и единственность решения краевых задач для класса дифференциальных уравнений с производными Римана-Лиувилля и Капуто порядка меньше либо равного единице с операторами дробного интегрирования с различными началами в младших членах;

– доказано существование и единственность решения краевых задач для уравнений с усреднением и оператором дробного дифференцирования с фиксированными началом и концом;

– доказана единственность решения уравнения с частными производными дробного порядка с различными началами в главной части.

# Список литературы

1. *Амангалиева М.М.* Граничные задачи для уравнения теплопроводности с усреднением по времени / Тр. Международной конф. «Дифференциальные уравнения и их приложения». – Алматы, 2002. – С. 19-23.

2. *Амангалиева М.М., Дженалиев М.Т., Рамазанов М.И.* Граничная задача и задача оптимального управления для гиперболического уравнения с усреднением /Материалы Международного Российско-Узбекского симпозиума «Уравнения смешанного типа и родственные проблемы анализа и информатики» и Школы молодых ученых «Нелокальные краевые задачи и проблемы современного анализа и информатики». – Нальчик-Эльбрус, 2003.– С. 18.

3. *Андреев А.А., Еремин А.С.* Краевая задача для уравнения диффузии с дробной производной по времени / Математическое моделирование и краевые задачи: Тр. двенадцатой межвуз. конф. Ч. 2.– Самара: СамГТУ, 2002. – С. 3-9.

4. *Андреев А.А., Еремин А.С.* Краевая задача для уравнения с матричным интегродифференциальным оператором // Вестник Самарского государственного технического университета. Серия: Физико-математические науки. – 2004. – Вып. 26. – С. 5-10.

5. *Архинчеев В.Е.* О дрейфе при случайном блуждании по самоподобным кластерам // ЖЭТФ.– 1999. Т. 115.– Вып. 3.– С. 1016-1023.

6. *Архинчеев В.Е.* Случайное блуждание по иерархическим гребешко-вым структурам // ЖЭТФ.– 1999. Т. 115.– Вып. 4.– С. 1285-1296.

7. *Бейтмен Г., Эрдейи А.* Высшие трансцендентные функции. Т. 1. Гипергеометрическая функция. Функции Лежандра. – М.: Наука, 1973.– 293 с.

8. *Ворошилов А.А., Килбас А.А.* Задача типа Коши для уравнения диффузии дробного порядка // Докл. НАН Беларуси.– 2005. – Т. 49. – №3. – С. 14-18.

9. *Ворошилов А.А., Килбас А.А.* Задача типа Коши для диффузионно-волнового уравнения с частной производной Римана-Лиувилля // Докл. РАН. – 2006.– Т. 406.– №1. – С. 12-16.

10. *Ворошилов А.А., Килбас А.А.* Задача Коши для диффузионно-вол-нового уравнения с частной производной Капуто // Дифференц. урав-нения.– 2006.– Т. 42.– №5. – С. 599-609.

11. *Геккиева С.Х.* Задача Коши для обобщенного уравнения переноса с дробной по времени производной // Докл. Адыгской (Черкесской) Международной академии наук. – 2000.– Т. 5.– №1.– С. 17-18.

12. *Геккиева С.Х.* Краевая задача для обобщенного уравнения переноса с дробной производной в полубесконечной области // Известия Кабар-дино-Балкарского научного центра РАН.– 2002.– №1 (8).– С. 6-8.

13. *Геккиева С.Х.* Краевые задачи для нагруженных параболических уравнений с дробной производной по времени: Автореф. дис. ... канд. физ.-мат. наук. – Нальчик, 2003. – 14 с.

14. *Геккиева С.Х.* Краевая задача для обобщенного уравнения переноса с дробной производной по времени // Докл. Адыгской (Черкесской) Международной академии наук.– 1994.– Т. 1.– №1.– С. 17-18.

15. *Геккиева С.Х.* Об одной краевой задаче для нагруженного уравнения с дробной производной /Материалы Международного Российско-Ка-захского симпозиума «Уравнения смешанного типа и родственные проблемы анализа и информатики» и Школы молодых ученых «Не-локальные краевые задачи и проблемы современного анализа и ин-форматики». – Нальчик-Эльбрус, 2004.– С. 47-49.

16. *Геккиева С.Х.* Первая краевая задача для нагруженного уравнения с дробной производной / Математическое моделирование и краевые задачи: Тр. Всероссийской конференции. Ч. 3.– Самара, 2004. – С. 65-67.

17. *Глушак А.В.* О задаче типа Коши для абстрактного дифференциального уравнения с дробной производной // Вестн. Воронеж. гос. ун-та. Сер. физ., мат. – Воронеж, 2001.– №2.– С. 74-77.

18. *Глушак А.В.* О связи решений абстрактных дифференциальных уравнений, содержащих дробные производные // Вестн. Воронеж. гос. ун-та. Сер. физ., мат.– Воронеж, 2002. –№2.– С. 61-63.

19. *Глушак А.В.* Задача типа Коши для абстрактного дифференциального уравнения с дробными производными // Матем. заметки. – Т. 77. – Вып. 1. – С. 28 – 41.

20. *Головизнин В. М., Киселев В. П., Короткин И. А., Юрков Ю. И.* Некоторые особенности вычислительных алгоритмов для уравнений дробной диффузии. – М.: Институт проблем безопасного развития атомной энергетики РАН, 2002.– 57 с.

21. *Головизнин В. М., Киселев В. П., Короткин И. А.* Численные методы решения уравнения дробной диффузии в одномерном случае. – М.: Институт проблем безопасносго развития атомной энергетики РАН, 2002. – 35 с.

22. *Головизнин В. М., Киселев В. П., Короткин И. А.* Численные методы решения уравнения дробной диффузии с дробной производной по времени в одномерном случае. – М.: Институт проблем безопасного развития атомной энергетики РАН, 2003. – 35 с.

23. *Головизнин В. М., Киселев В. П., Короткин И. А.* Методы численного решения задач дробной диффузии для оценки безопасности захоронений радиоактивных отходов /Материалы Международного Российско-Казахского симпозиума «Уравнения смешанного типа и родственные проблемы анализа и информатики» и Школы молодых ученых «Нелокальные краевые задачи и проблемы современного анализа и информатики». – Нальчик-Эльбрус, 2004.– С. 204-208.

24. *Дженалиев М.Т.* Оптимальное управление линейными нагруженными параболическими уравнениями // Дифференц. уравнения.– 1989. – Т. 25.– №4.– С. 641-651.

25. *Дженалиев М.Т.* К теории линейных краевых задач для нагруженных дифференциальных уравнений. – Алматы, 1995. – 270 с.

26. *Дженалиев М.Т., Иманбердиев К.Б.* Об одной задаче стабилизации решения нагруженного параболического уравнения /Материалы Международного Российско-Казахского симпозиума «Уравнения смешанного типа и родственные проблемы анализа и информатики» и Школы молодых ученых «Нелокальные краевые задачи и проблемы современного анализа и информатики». – Нальчик-Эльбрус, 2004.– С. 58-62.

27. *Дженалиев М.Т., Рамазанов М.И.* Об одной граничной задаче для нагруженного параболического уравнения /Материалы Международного Российско-Казахского симпозиума «Уравнения смешанного типа и родственные проблемы анализа и информатики» и Школы молодых ученых «Нелокальные краевые задачи и проблемы современного анализа и информатики». – Нальчик-Эльбрус, 2004.– С. 62-65.

28. *Дженалиев М.Т., Рамазанов М.И.* Об обобщенной разрешимости нагруженного нелинейного дифференциального уравнения / Тезисы докладов Второй Международной конференции «Нелокальные краевые задачи и родственные проблемы математической биологии, информатики и физики». – Нальчик, 2001.– С. 64-65.

29. *Джрбашян М.М.* Интегральные преобразования и представления функций в комплексной области. – М.: Наука, 1966. – 672 с.

30. *Еремин А.С.* Краевые задачи для дифференциального уравнения, содержащего оператор дробного дифференцирования /Материалы Международного Российско-Казахского симпозиума «Уравнения смешанного типа и родственные проблемы анализа и информатики» и Школы молодых ученых «Нелокальные краевые задачи и проблемы современного анализа и информатики». – Нальчик-Эльбрус, 2004. – С. 73-75.

31. *Еремин А.С.* Три задачи для одного уравнения в дробных частных

производных /Математическое моделирование и краевые задачи: Тр. Всероссийской конференции. Ч. 3. – Самара, 2004. – С. 94-98.

32. *Зарубин А.Н.* Задача Коши для дифференциально-разностного нелокального волнового уравнения // Дифференц. уравнения. – 2005. – Т. 41. – №10. – С. 1406 – 1409.

33. *Зарубин А.Н., Зарубин Е.А.* Задача Коши для дифференциально-разностных уравнений диффузии дробного порядка / Материалы Воронежской весенней математической школы «Современные методы теории краевых задач: «Понтрягинские чтения -XVI». – Воронеж, 2005. – С. 65.

34. *Зарубин А.Н., Зарубин Е.А.* Задача граничного управления для уравнения смешанного типа с дробной производной / Материалы Международной научной конференции «Современные проблемы прикладной математики и математического моделирования». – Воронеж, 2005. – С. 97.

35. *Зарубин Е.А.* Обратная начально-краевая задача для дифференциально-разностного уравнения диффузии с дробной производной по времени / Материалы Международного Российско-Узбекского симпозиума «Уравнения смешанного типа и родственные проблемы анализа и информатики» и Школы молодых ученых «Нелокальные краевые задачи и проблемы современного анализа и информатики». – Нальчик-Эльбрус, 2003. – С. 51 – 52.

36. *Зарубин Е.А.* О единственности решения задачи Жевре для смешанного уравнения диффузии дробного порядка / Материалы Воронежской весенней математической школы «Современные методы теории краевых задач: «Понтрягинские чтения -XV». – Воронеж, 2004. – С. 93 – 94.

37. *Килбас А.А., Репин О.А.* Аналог задачи Бицадзе-Самарского для уравнения смешанного типа с дробной производной // Дифференц. уравнения. – 2003. – Т. 39. – №5. – С. 638 – 644.

38. *Кобелев В. Л., Кобелева О. Л., Кобелев Я. Л., Кобелев Л. Я.* О диффузии через фрактальную поверхность // Докл. РАН. – 1997. – Т. 355. – №3.– С. 326-327.

39. *Кобелев В. Л., Романов Е. П., Кобелев Я. Л., Кобелев Л. Я.* Недеба-евская релаксация и диффузия в фрактальном пространстве // Докл. РАН. – 1998. – Т. 361. – №6. – С. 755-758.

40. *Кобелев Я. Л., Кобелев Л. Я., Романов Е. П.* Автоволновые процессы при нелинейной фрактальной диффузии // Докл. РАН. – 1999. – Т.369. – №3. – С. 332-333.

41. *Кожанов А.И.* Об одном нелинейном нагруженном параболического уравнении и о связанной с ним обратной задаче // Матем. заметки. – 2004. – Т.76. – №6. – С. 840-853.

42. *Колмогоров А.Н., Фомин С.В.* Элементы теории функций и функционального анализа. – М.: Наука, 1976. – 544 с.

43. *Кочубей А.Н.* Диффузия дробного порядка // Дифференц.уравнения. 1990. – Т. 26. – №4. – С. 660-670.

44. *Кочубей А.Н.* Задача Коши для эволюционного уравнения дробного порядка // Дифференц. уравнения. – 1989. – Т. 25. – №8. – С. 1359-1368.

45. *Кочубей А.Н., Эйдельман С.Д.* Уравнения одномерной фрактальной диффузии // Доп. Нац. АН Украïны. 2003. №12. С. 11-16.

46. *Кочубей А.Н., Эйдельман С.Д.* Задача Коши для эволюционных уравнений дробного порядка // Докл. РАН. – 2004. – Т. 394. – №2. – С. 159-161.

47. *Лебедев Н.Н.* Специальные функции и их приложения. – М.-Л.: Физматгиз, 1953. – 379 с.

48. *Лопушаньска Г.П.* Основні граничні задачі для одного рівняння в дробних похідних // Укр. мат. журн. – 1999. – Т. 51.– №1. – С. 48-59.

49. *Мамчуев М.О.* Общее представление решения уравнения диффузии дробного порядка с постоянными коэффициентами в прямоугольной области // Изв. Кабардино-Балкарского научного центра РАН. — 2004. – №2 (12). – С. 116-118.

50. *Мамчуев М.О.* Метод факторизации в решении задачи Коши для обобщенного уравнения диффузии дробного порядка /Материалы

Международного Российско-Казахского симпозиума «Уравнения смешанного типа и родственные проблемы анализа и информатики» и Школы молодых ученых «Нелокальные краевые задачи и проблемы современного анализа и информатики». – Нальчик-Эльбрус, 2004. – С. 129-132.

51. *Мамчуев М.О.* Краевые задачи для уравнения диффузии дробного порядка с постоянными коэффициентами //Докл. Адыгской (Черкесской) Международной академии наук. – 2005. – Т.7. – №2. – С. 38-45.

52. *Нахушев А.М.* Дробное исчисление и его применение. – М.: Физматлит, 2003. – 272 с.

53. *Нахушев А.М.* Еще раз об одном свойстве оператора Римана-Лиувилля // Докл. Адыгской (Черкесской) Международной академии наук. – 2001.– Т.5. – №2. – С. 42-43.

54. *Нахушев А.М.* Об одном приближенном методе решения краевых задач для дифференциальных уравнений и его приложения к динамике почвенной влаги и грунтовых вод // Дифференц. уравнения. – 1982. – Т. 18.– №1. – С. 72-81.

55. *Нахушев А.М.* Об уравнениях состояния одномерных непрерывных систем и их приложениях. – Нальчик: Логос, 1995. – 59 с.

56. *Нахушев А.М.* Уравнения математической биологии. – М.: Высшая школа, 1995. – 301 с.

57. *Нахушев А.М.* Видоизмененная задача Коши для оператора дробного дифференцирования с фиксированными началом и концом // Дифференц. уравнения. – 2000.– Т. 36. – №7. – С. 903-908.

58. *Нахушев А.М., Борисов В.Н.* Краевые задачи для нагруженных параболических уравнений и их приложения к прогнозу уровня грунтовых вод // Дифференц. уравнения. – 1977. – Т. 13. – №1.– С. 105-110.

59. *Нахушев А.М.* Нагруженные уравнения и их приложения // Дифференц. уравнения. – 1983. – Т. 19. – №1.– С. 86-94.

60. *Нахушев А.М.* О нелокальных краевых задачах со смещением и их связи с нагруженными уравнениями // Дифференц. уравнения. – 1985. – Т. 21. – №1.– С. 92-101.

61. *Нахушев А.М., Кенетова Р.А.* Математическое моделирование социально-исторических и этнических процессов. – Нальчик: Эль-Фа, 1998. – 170 с.

62. *Нахушев А.М., Нахушева В.А.* О дифференциальных уравнениях переноса и состояния дробного порядка и некоторых обобщениях закона Кольрауша. – Нальчик: Сообщения Научно-исследовательского института прикладной математики и автоматизации КБНЦ РАН, 2000. – 11 с.

63. *Нахушева В.А.* Краевые задачи для обобщенных дифференциальных уравнений переноса. Автореф. дис. ... канд. физ.-мат. наук. – Нальчик, НИИ Прикладной математики и автоматицации КБНЦ РАН, 1998. – 9 с.

64. *Нахушева В.А.* Некоторые классы дифференциалных уравнений математических моделей нелокальных процессов. – Нальчик: Изд-во КБНЦ РАН, 2002. – 173 с.

65. *Нахушева В.А.* Диффернциальные уравнения математических моделей нелокальных физических процессов. – М.: Наука, 2006. – 100 с.

66. *Псху А.В.* Краевые задачи для дифференциального уравнения с частными производными дробного порядка со спектральным параметром / Тезисы докладов II Международной конференции «Нелокальные краевые задачи и родственные проблемы математической биологии, информатики и физики». – Нальчик, – 2001. – С.81-83.

67. *Псху А.В.* Краевая задача для уравнения с частными производными дробного порядка / Труды Международной научной конференции «Современные проблемы математической физики и информационной технологии». – Ташкент, 2003. – С. 216-217.

68. *Псху А.В.* Краевые задачи для дифференциальных уравнений с частными производными дробного и континуального порядка.– Нальчик: Изд-во КБНЦ РАН, 2005. - 186 с.

69. *Псху А.В.* Решение краевой задачи для уравнения с частными производными дробного порядка // Дифференц. уравнения. – 2003. – Т. 39. – №8. – С. 1092-1099.

70. *Псху А.В.* Решение краевых задач для уравнения диффузии дробного порядка методом функции Грина // Дифференц. уравнения. – 2003.– Т. 39. – №10. – С. 1430-1433.

71. *Псху А.В.* Решение первой краевой задачи для уравнения диффузии дробного порядка // Дифференц. уравнения. – 2003. – Т. 39. – №9. – С. 1286-1289.

72. *Псху А.В.* Метод функции Грина для уравнения диффузии дробного порядка // Труды института математики НАН Беларуси.– Минск, 2001. – С. 101-111.

73. *Псху А.В.* Уравнения в частных производных дробного порядка. – М.: Наука, 2005. – 199 с.

74. *Репин О.А.* Краевые задачи для уравнений гиперболического и смешанного типов и дробное интегродифференцирование: Автореф. дис. ... докт.физ.-мат. наук. – Минск, 1998. – 30 с.

75. *Репин О.А.* О разрешимости одной нелокальной задачи для параболо-гиперболического уравнения с дробной производной /Математическое моделирование и краевые задачи: Тр. Всероссийской конференции. – Самара, 2004. – Ч. 3.– С. 183-188.

76. *Репин О.А.* Существование и единственность решения нелокальной задачи для уравнения смешанного типа с частной дробной производной Римана-Лиувилля /Современные проблемы физики и математики: Тр. Всероссийской научной конференции. – Стерлитамак, 2004. – Т. I. – С. 168-173.

77. *Самко С.Г., Килбас А.А., Маричев О.И.* Интегралы и производные дробного порядка и некоторые их приложения. – Минск: Наука и техника, 1987. – 688 с.

78. *Сербина Л.И.* Нелокальные математические модели процессов переноса в системах с фрактальной структурой. – Нальчик: Изд-во КБНЦ РАН, 2002. – 144 с.

79. *Чукбар К.В.* Стохастический перенос и дробные производные // ЖЭТФ. – 1995. – Т. 108. – Вып. 5(11). – С. 1875-1884.

80. *Шевякова О.П.* Краевая задача для модельного уравнения дробной диффузии /Материалы Международного Российско-Казахского симпозиума «Уравнения смешанного типа и родственные проблемы анализа и информатики» и Школы молодых ученых «Нелокальные краевые задачи и проблемы современного анализа и информатики». – Нальчик-Эльбрус, 2004.– С. 187-188.

81. *Шевякова О.П.* Краевая задача для дифференциального уравнения в частных производных дробного порядка с различными началами // Известия Кабардино-Балкарского научного центра РАН. – 2004. – №2 (12). – С. 121-123.

82. *Шевякова О.П.* Краевая задача для уравнения с частными производными дробного порядка // Докл. Адыгской (Черкесской) Международной академии наук. – 2005. – Т.7. – №2. – С. 82-85.

83. *Шевякова О.П.* Единственность решения краевой задачи для уравнения с частными производными дробного порядка / Современные методы теории краевых задач: Материалы Воронежской весенней математической школы « Современные методы теории краевых задач: «Понтрягинские чтения - XVI», – Воронеж: ВГУ, – 2005. – С. 175-176.

84. *Шевякова О.П.* Краевая задача для уравнения в частных производных дробного порядка с различными началами с постоянными коэффициентами /Материалы III Школы молодых ученых «Нелокальные краевые задачи и проблемы современного анализа и информатики». – Нальчик-Эльбрус, 2005. – С. 78-81.

85. *Шевякова О.П.* Краевая задача для уравнения с частными производными дробного порядка. Отчет НИИ ПМА КБНЦ РАН по научно-исследовательским, опытно-конструкторским работам за 2001-2005 гг. по теме «Развитие дробного исчисления и анализа на фракталах для разработки математических моделей физико-биологических процессов и сред с фрактальной структурой». – Нальчик, 2005. – Ч. 3. – С. 297-301. № гос. регистрации 01.20.0012845, № регистрации в ВНТИЦ 02.2 00 601423,

86. *Шевякова О.П.* Краевая задача для одного дифференциального уравнения в частных производных дробного порядка / Доклады VI Всероссийской научно-практической конференции студентов, аспирантов, докторантов и молодых ученых «Наука – XXI веку», – Майкоп: МГТУ, 2006. – С. 121-126.

87. *Шевякова О.П.* Краевая задача для одного нагруженного дифференциального уравнения дробного порядка // Докл. Адыгской (Черкесской) Международной академии наук. – 2006. – Т. 8. – №2. – С. 79-86.

88. *Шевякова О.П.* Краевая задача для нагруженного уравнения с оператором дробного дифференцирования с фиксированными началом и концом // Вестник СамГТУ. Серия: Физико-математические науки. – Вып. 43. – 2006.– С. 24-30.

89. *Шевякова О.П.* Краевая задача для дифференциального уравнения в частных производных дробного порядка дробного порядка с постоянными коэффициентами // Известия вузов. Северо-Кавказский регион. Естественные науки. – 2006. – Приложениие №11. – С. 22-27.

90. *Clément Ph., Gripenberg G., Londen S-O.* Schauder estimates for equations with fractional derivatives// Transactions of the Amerikan Mathematical Society, 2000. – V. 352. – №5. – С. 2239-2260.

91. *Kilbas A.A., Srivastava H.M., Trujillo J.J.* Theory and Applications of Fractional Differential Equations.- North-Holland Mathematics studies 204, Elsevier, 2006. – 523 p.

92. *Nigmatullin R. R.* The realization of the generalized transfer equation in a medium with fractal geometry // Phus. Status Solidi. – B. 1986.– V. 133. – P. 425-430.

93. *Oldham K.B., Spanier J.* The fractional Calculus. – N.Y.; London: Acad. Press, 1974. –234 p.

94. *Ozturk I.* On the boyndary value problem for the class of loaded partial differential equation of mixed-parabolic type // Докл. Адыгской (Черкесской) Международной академии наук. – 1994. – Т.1. – №1. – С. 27-29.

95. *Ozturk I.* Boyndary value problem for the class of loaded partial differential equation of fractional order // Докл. Адыгской (Черкесской) Международной академии наук.– 1995. – Т.2. – №1. – С. 12-17.

96. *Podlubny I.* Fractional differential equations. – N.Y.: Acad. press, 1999.

97. *Schneider W.R., Wyss W.* Fractional diffusion and wave equation // J. Math. Phys. – 1989. – Vol.30. – №1. – P. 134-144.

98. *Wegner F., Grossmann S.* Diffusion and Trapping on a Nested Fractal Structure // Zeitchr. Phys. – B. 1985. – Vol. 59.– №2. – P. 197-206.

99. *Wyss W.* The fractional diffusion equation // J. Math. Phys. – 1986. – Vol. 27. – №11.– P. 2782-2785.

# i want morebooks!

Покупайте Ваши книги быстро и без посредников он-лайн – в одном из самых быстрорастущих книжных он-лайн магазинов! окружающей среде благодаря технологии Печати-на-Заказ.

## Покупайте Ваши книги на
## www.more-books.ru

Buy your books fast and straightforward online - at one of world's fastest growing online book stores! Environmentally sound due to Print-on-Demand technologies.

## Buy your books online at
## www.get-morebooks.com

VDM Verlagsservicegesellschaft mbH
Heinrich-Böcking-Str. 6-8          Telefon: +49 681 3720 174          info@vdm-vsg.de
D - 66121 Saarbrücken              Telefax: +49 681 3720 1749         www.vdm-vsg.de

Printed by Books on Demand GmbH, Norderstedt / Germany